丛书主编 孔 敏

高职高专计算机系列规划教材

· 软件行业岗位参考指南与实训丛书

项目经理、配置管理员、品质保证员

岗位指导教程

主 编 茅雪梅

参 编 夏孝云 戚 华 朱寅非 王宏超

U0342418

南京大学出版社

图书在版编目(CIP)数据

项目经理、配置管理员、品质保证员岗位指导教程 /
茅雪梅主编. —南京:南京大学出版社,2016.3
(软件行业岗位参考指南与实训丛书 / 孔敏主编)
ISBN 978 - 7 - 305 - 14511 - 7

Ⅰ. ①项… Ⅱ. ①茅… Ⅲ. ①软件开发－项目管理－
教材 Ⅳ. ①TP311.52

中国版本图书馆 CIP 数据核字(2014)第 308481 号

出版发行　南京大学出版社
社　　址　南京市汉口路 22 号　　邮　编　210093
出版人　金鑫荣

丛 书 名　软件行业岗位参考指南与实训丛书
丛书主编　孔　敏
书　　名　项目经理、配置管理员、品质保证员岗位指导教程
主　　编　茅雪梅
责任编辑　刘　洋　吴　汀　　　　编辑热线　025 - 83686531

照　　排　南京理工大学资产经营有限公司
印　　刷　南京大众新科技印刷有限公司
开　　本　787×1092　1/16　印张 16.5　字数 402 千
版　　次　2016 年 3 月第 1 版　2016 年 3 月第 1 次印刷
ISBN　978 - 7 - 305 - 14511 - 7
定　　价　40.00 元

网　　址:http://www.njupco.com
官方微博:http://weibo.com/njupco
官方微信号:njupress
销售咨询热线:(025)83594756

前 言

随着软件外包业务的扩大,对软件企业规范化要求越来越高。大型企业大多有自己的规范,但是都不愿意出版共享,大多中小软件企业岗位员工缺少工作手册,导致工作规范程度低,难以承接大型项目。无论是高校还是培训机构,或是中小软件企业入职培训,都迫切需要一套软件行业岗位参考指南和实训平台来开展模拟真实企业岗位角色的实训。

本书是《软件行业岗位参考指南与实训丛书》其中一册,其他分册还包括:软件需求分析师岗位指导教程、软件架构设计师岗位指导教程、软件设计师岗位指导教程、程序员岗位指导教程、软件测试师岗位指导教程、软件行业岗位实训教学参考手册。

本书分三篇比较完整地介绍了项目经理、配置管理员和品质保证员(软件质量管理员)三大岗位人员的工作规范、工作流程和工作职责等内容,同时配有实际案例以供学习者学习使用。

本书具有以下特点:

理论联系实际:在说明岗位职责及工作流程的基础上,提供实际工作案例参考,使学习者有感性认识,理解岗位工作规范。

可操作性强:书中提供了大量模板,以方便从事岗位工作的人员根据自身的实际需求使用,一改传统书本纸上谈兵的缺陷。

灵活运用:书中主要讲解工作规范和流程,但并未要求完全统一,给使用者留有自由发挥的余地,使用者可根据自身情况或所在企业要求进行相关调整。

本书适合以下读者学习使用:

高职院校、应用型本科院校的软件工程、计算机科学技术、软件技术、计算机应用技术等相关专业的学生;

软件行业需从事相关岗位工作的入职培训人员;

软件行业在岗工作的项目经理、配置管理员和品质保证员(软件质量管理员)。

本书作者:

丛书主编孔敏:博士、教授、高级工程师,具有十几年的政府、企业信息化岗位工作经历和十几年软件相关专业人才培养的教学和教学管理经验。组织开发过企业信息系统、政府信息系统、实训教学平台等项目,具有丰富的项目开发和人才培养经验。

主编茅雪梅:20年一线教学经验,8年以上品质保证管理工作经验。熟悉软件开发过程和软件过程标准,熟悉.NET开发平台和C♯编程,精通数据结构、数据库设计开发及访问技术,通过了微软认证专家考试-MCTS微软认证技术专家(数据库专家)。

夏孝云:信息系统项目管理师,曾在三商、西门子、中兴等大型软件企业从事项目经理、软件工程师等工作,具有15年以上软件研发相关经验,10年以上一线教学经验。熟悉软件开发过程和软件过程标准,从事UNIX下C/C++开发多年,精通JAVA编程和OO设计模式。

戚华:系统项目管理师、系统分析师和人力资源管理师,有着多年在上市软件公司的一线项目管理、质量管理、技术管理和人力资源管理岗位的工作经验,还具有CMMI ATM成员资格、绩效管理师、ISO9000和ISO270001内审员资格。

朱寅非:副教授,毕业于新西兰惠灵顿维多利亚大学,带来了西方的教学思想和方法,有13年的教学和科研工作经验,发表的专业论文被EI检索。

王宏超:5年以上一线教学经验,熟悉网络管理和品质保证流程,精通学生实训及实习工作。

本书受江苏省重点专业群、市重点专业建设项目支持,书中岗位作业指导书基于曾获江苏省高等教育学会三等奖的江苏省教改课题研究成果,感谢张奕、蔡洁、井辉、桂超、张月、杨洋、钱素予、谭凯、贾云等项目成员对本教程岗位指导书的质量评审过程的支持。编者对本书的编写倾注了大量的心血,但由于水平有限、时间仓促等原因,本书难免存在不足之处,敬请读者谅解。如遇到问题或有意见和建议,请与我们联系,我们将全力为大家提供帮助。编者的E-mail:53111436@qq.com。

编者

2016年2月

目 录

第1篇　项目经理岗位参考指南与实训

第 2 篇　配置管理员岗位参考指南与实训

第3篇 品质保证员岗位参考指南与实训

第1篇
项目经理岗位参考指南与实训

第1章 项目经理岗位概述

1.1 项目

项目（project）：是指为了一个既定目标（goal），组织并保持相对稳定的团队，在约定的工期内，该团队为了既定目标的达成所付出的一系列活动的集合。

目标是项目的核心，所有的活动都是围绕着目标而展开的；团队是项目的基础，没有一个合理配置的团队，就无法达成项目的目标；工期是项目的要求，它约束着项目活动的时效性。

由于项目具备时效性的特征，因此，它是一次性的工作。即使两个具有相同目标的项目，由于工期、团队的不同，也能明确界定两个项目的差异。

衡量一个项目成功的标准主要有成本、范围和进度等因素。也就是说，项目要按照既定的成本，满足客户要求的进度，按时向客户交付具备一定质量的指定范围的产品。

1.2 项目管理

项目管理协会（Project Management Institute，PMI）对项目管理（Project Management，PM)的定义如下：利用一组已证实的原则、方法和技术，更有效地计划、调度和跟踪可交付的工作(结果)，并为将来的项目计划奠定坚实的基础。

对于软件项目管理来说，就是对软件生命周期内所有阶段的活动集合，采用科学的、系统化和工程化的管理方法与手段，保证项目正确有序实施，保证产品的质量，达到项目的既定目标。

项目管理主要的工作内容有：项目规划、团队建设、成本预算与控制、风险管理、任务执行跟踪与管控、质量控制、进度控制、交付管理、变更管理以及组织协调等内容。

缩写词 PM 可能会代表 Project Management（项目管理）或 Project Manager（项目经理），读者可根据上下文理解其具体含义。

1.3 项目经理岗位

在项目中承担项目管理责任人角色的就是项目经理(Project Manager,PM),通常在项目中还会配置1~2名项目管理助理,来配合项目经理的工作。

1.3.1 项目管理办公室

项目管理办公室(Project Management Office,PMO)根据行业最佳实践和项目管理知识体系,结合企业自身的特点,将标准化过程定义裁剪成符合企业自己的过程规范,并培养职业项目经理团队、持续建设项目管理信息系统、项目管理指导等,来保障公司的所有项目的执行效率和成功率。

项目管理办公室的基本职能有:

(1) 定义面向企业的统一的过程规范,制订过程实施指南、文档模板以及其他约束文档,所有项目都必须严格遵循。

(2) 制订职业项目经理培训计划,建立长效机制培养职业项目经理人。

(3) 建设项目管理信息系统,用软件工具来规范项目运作,降低人为风险,提高执行力,并能采集所有项目的运行数据,用来进行数据挖掘,从而持续优化现有的流程规范。

(4) 维护一个企业级的项目经理资源池,所有项目指派的项目经理和项目管理助理都来源于该资源池。

(5) 提供项目管理方面的指导,协助其他生产部门进行日常生产的管理。

1.3.2 项目经理岗位职责

项目经理是项目的第一责任人,在项目中的主要职责如下:

1. 定制软件开发过程

软件开发过程(Software Development Process)定义项目实施过程中所需的阶段和活动内容,以及每个阶段的输入输出项。

软件开发过程是项目经理在项目立项前必须要考虑的一个活动,根据企业的统一过程定义,评估当前项目的特点,定制软件开发过程,来适应项目的特殊需求。

典型的开发过程有 IEEE 1074 的 SLCP(Software Life Cycle Process)、RUP(Rational Unified Process)、SEI SW-CMM(Capability Maturity Model for Software)等。

2. 选择软件开发生命周期模型

软件开发生命周期模型(Software Life Cycle Model,SLCM)描述开发过程的活动序列,通过这些活动的序列表达活动之间的依赖关系。常见的软件开发生命周期模型有:瀑布模型、快速原型模型、螺旋模型、迭代/增量模型、喷泉模型等。

3. 项目团队建设

包括项目团队的组建、职责分配矩阵(Responsibility Assignment Matrix，RAM)的定义和资源分配、团队有效沟通与管理等。

4. 项目规划

确定项目的目标与范围、制定项目管理计划、对项目的工作进行分解并创建工作分解结构 WBS(Work Breakdown Structure)、工作进度安排等规划性工作。

5. 评估软件规模

根据项目范围文档，采用某种评估模型来估算项目的规模(size)，一般软件规模可以按照代码行(Lines Of Code，LOC)、功能点(Function Points，FP)、逻辑复杂度、模块数等方法进行评估。

6. 估算工作量与成本

根据上一步骤得到的软件项目的规模，再加上提取与该项目相似的企业知识库中的经验生产率，可以进一步得到项目的工作量(effort)，根据企业的成本核算方法，进而得到项目的成本估算(cost)。

7. 风险管理与控制

按 PMBOK 的定义，风险管理是项目管理的子集，包含风险识别、风险分析及处理、风险跟踪等活动。

8. 任务执行跟踪与监控

制定项目例会制度，定期针对任务进行跟踪，对进行过程中的问题进行沟通与决策，可采用 PDCA 的形式进行任务管理。

9. 交付管理

根据项目范围文档如工作说明书(Statement of Work，SOW)、软件需求文档如软件需求规格说明书(Software Requirements Specification，SRS)等，在项目初期需要制定交付计划(可能是渐进式的)，根据交付计划，实时跟踪和管理交付内容，保证交付是按照计划按时、保质地提交。

10. 沟通管理

在开发生命周期的每一个阶段，都离不开与项目干系人的沟通，沟通才能使团队朝着项目正确的方向上迈进，沟通是需要掌握技巧的。沟通方式主要包括：项目例会、不定期互动、汇报、参加专题会议等。

品质保证、配置管理也属于项目管理范畴，在软件系列岗位中，有专门设置品质保证员、配置管理员，其相关内容在品质保证、配置管理的章节中进行描述。

1.3.3　项目经理岗位资格要求

这里主要指软件项目经理岗位的资格要求：

（1）熟悉项目管理知识体系，具备项目管理师相当的资格（如 PMP、信息系统项目管理师等）。

（2）具有组织协调能力，能合理协调各方资源协同工作，能妥善处理好客户关系。

（3）熟练使用相关管理方法和工具。

（4）具备管理分包商能力。

（5）富有领导魅力，能提升团队的凝聚力、执行力和战斗力。

（6）具有良好的沟通表达能力以及应变能力。

（7）熟悉质量管理和配置管理相关知识。

（8）具有丰富的绩效管理经验，能合理对团队进行绩效评估。

（9）从事过技术相关岗位达两年以上。

1.4　本章小结

本章描述了项目管理的基本定义以及工作内容，重点列举了项目经理岗位的职责内容和任职资格说明，对企业定义项目经理岗位起到参考作用，同时也给准备从事项目经理岗位的人员进行职业规划和目标定位。

下一章，我们将对软件项目经理岗位的作业规范进行详细描述。

1.5　本章实训

根据本章给出的项目经理岗位资格要求，对比自己现有条件，总结哪些方面有差距，哪些能力需要重点提升。

第2章 项目经理岗位作业指导书

2.1 概述

项目经理在项目初期阶段,已经完成软件开发过程的定制,并且选择了符合该项目特点的软件开发生命周期模型。根据这个框架,项目的大部分活动已经定义完成,活动集之间的依赖顺序、输入输出的脉络关系也基本清晰。

但是在项目管理过程中,还是有必要针对整个开发流程的串接细节、注意事项作更进一步的说明。作者依据多年的项目管理经验,在基本软件开发过程条件下,给出一个基础的项目经理岗位作业指导说明书,来说明项目经理岗位是如何作业的,包含有哪些注意事项。

2.1.1 定义

1. 作业指导书

所谓作业指导书,是作业指导者对作业者进行标准作业的正确指导的基准。它是为了保证作业(过程)的质量而制定的工作流程。如果作业者按照指导书进行作业,一定能圆满、快速、安全地完成作业。

作业指导书其实就是一种程序,只不过其针对的对象是某个作业活动而已。

2. 项目经理岗位作业指导书

项目经理岗位作业指导书是指导项目经理在项目进行中涉及项目管理的相关作业的规范章程,给出了一个基于瀑布模型的描述项目经理岗位工作流和作业规范的作业指导书。

2.1.2 作用

项目经理作业指导书为项目管理活动提供了一个基础性指导,项目经理在从事项目管理活动过程中可以参考此作业指导书,作为项目管理的依据之一。

2.2　项目经理岗位作业指导书结构

软件项目经理岗位作业指导书的结构主要由下面三大部分组成：

（1）输入：描述启动项目经理岗位作业的准入条件或参考依据，表明项目经理在从事该岗位的作业时，需要哪些输入。

（2）工作流：以流图的形式描述项目经理岗位的日常工作流，并对每一个活动给出具体可操作指导说明，对每一个活动的工作内容、所需要的输入输出，以及涉及的角色等进行详细的说明。

（3）输出：描述工作流中每一个活动产生的成果物，可以看成是工件。

2.3　项目经理岗位作业指导书内容

软件项目经理岗位作业指导书主要包括：输入、工作流和输出三个部分，此外还有名词解释和附件的内容。

2.3.1　输入

输入是项目经理岗位作业指导书的第一部分，给出了作业的准入条件或参考依据，表明项目经理在从事该岗位的作业时，需要有哪些前置资料。

主要输入包括：

（1）市场调研报告：这是在项目立项前的一项工作。收集市场同类产品的信息、比较与同类产品的差异性；建立市场的客户模型；分析产品在市场上的竞争力（质量、价格、服务等因素），定位客户群体；给出 ROI 走势图。对于一个创新型的产品，市场上无法调研同类产品的时候，这个调研尤为重要，此类项目的风险也比较大。市场调研报告能作为项目立项的关键决策之一，决策者需要决策该项目是否值得启动（go/nogo decision）。

（2）项目招标方案书：客户在项目招标时公布的一份文档，依据该文档撰写项目投标书。招标方案同时也是项目立项前，进行项目的范围、技术特点、工作量与成本核算等工作的依据之一。虽然此时的估算误差范围相对较大，但在立项前，必须要对客户的招标方案进行分析，提取一些影响是否立项（go/nogo）的决策的依据信息。

2.3.2　工作流图

工作流图是项目经理岗位作业指导书的第二部分，也是关键核心步骤。它是对项目管理工作流的一个图示描述，描述了工作流中所有的活动、活动的执行人、依据、输入和输出等信息。

2.3.2.1　项目管理工作流图(如图 2-1 所示)

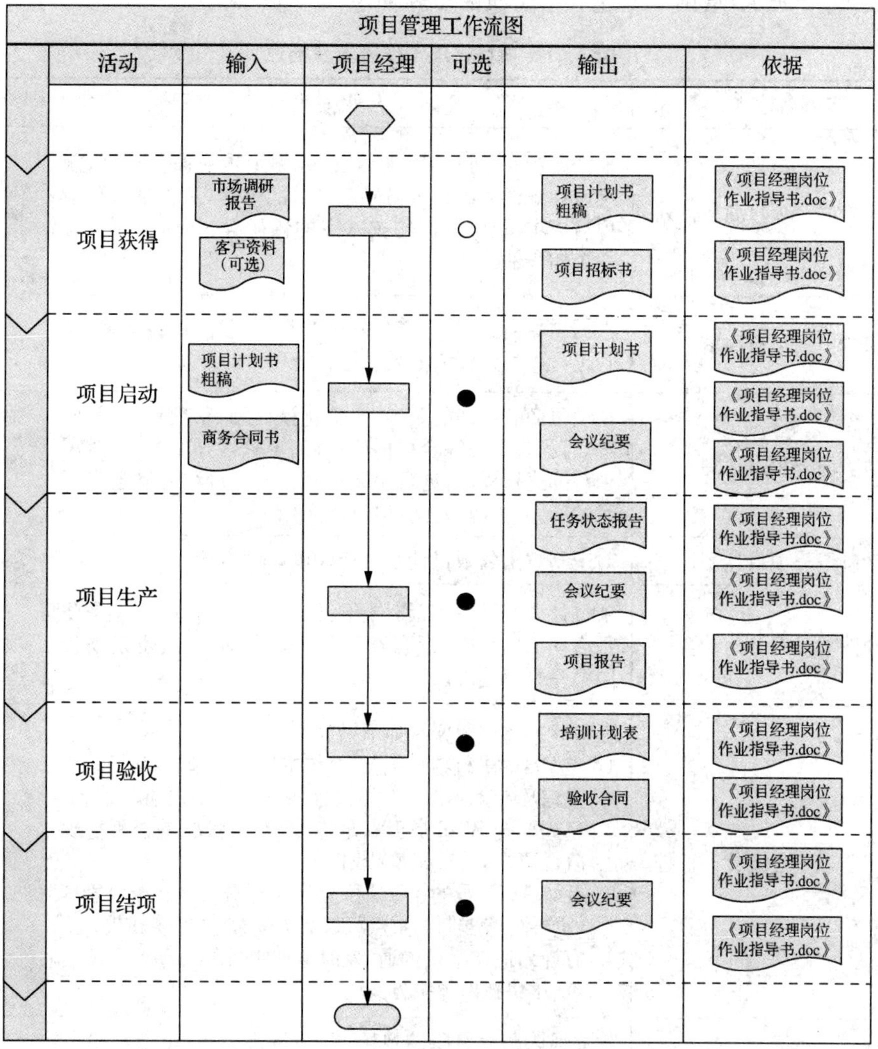

项目管理工作流图					
活动	输入	项目经理	可选	输出	依据
项目获得	市场调研报告 客户资料(可选)		○	项目计划书粗稿 项目招标书	《项目经理岗位作业指导书.doc》 《项目经理岗位作业指导书.doc》
项目启动	项目计划书粗稿 商务合同书		●	项目计划书 会议纪要	《项目经理岗位作业指导书.doc》 《项目经理岗位作业指导书.doc》 《项目经理岗位作业指导书.doc》
项目生产			●	任务状态报告 会议纪要 项目报告	《项目经理岗位作业指导书.doc》 《项目经理岗位作业指导书.doc》 《项目经理岗位作业指导书.doc》
项目验收			●	培训计划表 验收合同	《项目经理岗位作业指导书.doc》 《项目经理岗位作业指导书.doc》
项目结项			●	会议纪要	《项目经理岗位作业指导书.doc》 《项目经理岗位作业指导书.doc》

图 2-1　项目管理工作流图

从图 2-1 可以看出,软件项目经理工作包含以下阶段:项目获得、项目启动、项目生产、项目验收和项目结项。

(1)项目获得:项目立项前的商务活动与决策。

(2)项目启动:项目规划与启动会议。

(3)项目生产:任务执行监控、风险管理与状态报告。

(4)项目验收:协助客户组织验收、制定客户培训计划、组织培训活动等。

(5)项目结项:项目总结和资料归档。

2.3.2.2 项目管理工作流步骤描述

如表 2-1 所示，给出了上述五个阶段的步骤描述。

表 2-1 项目管理工作流步骤描述

步骤名称	步骤描述	角色
项目获得阶段—项目商务计划	根据市场和客户的需求等资料，制定项目商务计划，制定该计划的目的是粗略界定项目的范围（工作量），预估项目成本，及对关键的技术点的预研等，从而对项目有一个初步的认识	项目经理
项目获得阶段—项目决策	根据项目商务计划，结合公司的具体情况，进行决策：是否进行项目招标或者是否进行该项目的开发	项目经理
项目启动阶段—项目计划	在项目商务计划的基础上，精化该计划，从项目范围、成本、时程各方面综合评估项目，确定软件开发模型，对需求范围进行界定，进行 WBS 项目任务分解，并制定出可行的计划（资源、时间、项目任务）	项目经理
项目启动阶段—项目计划评审	对于制定出的项目计划进行评审	项目经理
项目启动阶段—召开启动会议	项目计划经过评审后，召开项目启动会议，该会议是项目启动的里程碑，标志着项目正式启动，一般也是项目的第一个里程碑。	项目经理
项目生产阶段—任务状态监控	任务状态监控主要有如下措施： 1. 定期准时进行项目例会，总结本周进展情况，问题解决跟踪及风险讨论，通告下周计划安排，一般周期以周计； 2. 每周检查 WBS 是否满足进度，人力状况是否满足现阶段要求，及时调整计划； 3. 及时掌握组员的任务执行情况，对于任务进行分级管理（重要性、急迫性），重点跟踪重要和急迫的任务进展； 4. 有计划地与组员沟通，及时掌握组员的心理状况及困难，尽快找出解决方案	项目经理
项目生产阶段—风险管理	建立风险跟踪表跟踪风险，在项目进行中，定期与组员沟通现阶段可能发生的风险，预估风险的成本及预防措施，对之前已经发现的风险的预防进展情况进行评估，及时关闭已不存在的风险	项目经理
项目生产阶段—里程碑监控	对于项目计划中既定的里程碑点，需要召开里程碑会议，来评审是否达到里程碑的要求。	项目经理
项目验收阶段—培训计划制定	与客户沟通并制定出培训计划，培训对象为使用本产品的客户相关群体。	项目经理
项目验收阶段—现场验收	现场验收有如下活动： 1. 制定现场产品部署计划； 2. 跟踪现场部署情况； 3. 与客户沟通验收标准及验收细则； 4. 跟踪现场验收状况	项目经理

（续表）

步骤名称	步骤描述	角色
项目结项阶段—项目结项会议	项目结项的工作主要有如下几点： 1. 召开项目总结会议： 　总结本次项目开发中做得好的地方和做得不理想得地方，对做得好的地方进行讨论归纳，尽量提取出共性并上升到公司层面；做得不好的地方，进行思考，讨论改善措施，为下一次项目提供经验指导。 2. 资料归档： 　对于相关资料，指定归档路径。 3. 产品组件的提取： 　对于本次开发过程中，有一些公共的产品组件能或者将来可能被其他项目复用的，对组件复用性进行评估	项目经理
项目结项阶段—项目资料归档	对于项目结项会议中需要归档的资料进行归档	项目经理

2.3.2.3　项目管理工作步骤指导说明

在本节中对项目管理工作流的五个阶段分别进行了工作分解，并对每一个子活动进行指导性说明，是针对上一节内容更加详细的操作说明。

1. 项目获得阶段

项目获得阶段工作流图如图 2-2 所示。

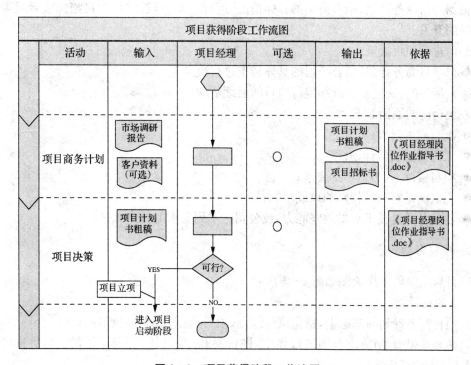

图 2-2　项目获得阶段工作流图

（1）项目商务计划

根据市场和客户的需求等资料，制定项目商务计划，制定该计划的目的是粗略界定项目的范围（工作量），预估项目成本，及对关键的技术点的预研等，从而对项目有一个初步的认识。

① 如何界定项目的范围

● 客户提供项目的主要功能清单/列表；
● 采用与客户座谈方式，共同研讨客户的期望功能清单/列表；
● 根据主要功能清单/列表，初步界定项目的系统边界；
● 系统边界内要实现的功能清单/列表即为项目的范围。

② 如何评估项目规模

根据项目的范围，邀请相关需求分析、系统设计、系统架构及技术专家来评审项目的规模。并根据项目的性质，从公司的知识库中发掘已完成的类似项目的经验数据。

③ 如何与客户初步达成交付计划意向

与客户确认期望的交付计划，若客户对于交付计划没有明确的时间点，则引导客户顺从该项目规模的合理时间点。

④ 如何进行项目成本预估

结合项目规模和交付计划，确定项目资源（设备，人力等），并预估出成本。

⑤ 如何进行关键技术点研究

讨论该项目中关键技术，对于公司不擅长的技术，需要特别研究其可行性，甚至需要调研是否具有满足该要求的第三方组件。

（2）项目决策

根据项目商务计划，结合公司的具体情况，进行决策：是否进行项目招标或者是否进行该项目的开发。

如何进行项目决策？

根据项目商务计划，结合公司的具体情况进行决策。

决策的目的：决定是否继续进行项目的后续活动。

一般否决的原因如下：

● 项目成本过大；
● 无法满足交付计划；
● 项目资源/人力达不到要求；
● 无法满足客户的特殊约束或限制；
● 不具备关键技术点的攻坚能力，或公司达不到要求的技术水平。

2. 项目启动阶段

项目启动阶段工作流图如图2-3所示。

（1）项目计划

在项目商务计划的基础上，精化该计划，从项目范围、成本、时程各方面综合评估项目，确定软件开发模型，对需求范围进行界定，进行WBS项目任务分解，并制定出可行的计划（资源、时间、项目任务）。

如何进行项目计划？

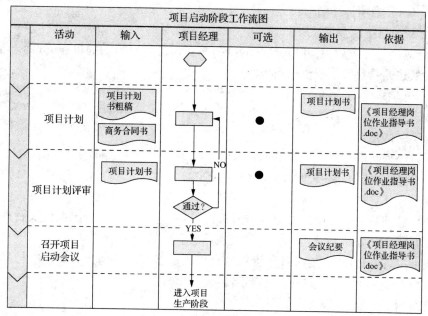

图 2-3　项目启动阶段工作流图

① 确定项目开发模型

根据项目的特性,确定项目开发模型。例如,瀑布模型、迭代模型、螺旋模型等。具体开发模型资料,请参考相关开发模型资料。

② 确定组织架构

需要确定项目的组织架构,明确项目成员的岗位及职责。

③ 项目计划建立在项目商务计划基础之上,需要对项目相关内容进行精化

● 精化项目范围;

● 精化项目规模;

● 精化项目交付计划;

● 精化项目成本核算。

④ 进行工作任务分解(WBS)

根据项目范围,进行工作任务分解。

⑤ 确定 WBS 对应的资源

对于 WBS 每一项任务,确定任务负责人,明确任务的内容。

⑥ 确定 WBS 的每一项任务的工期和工时

评估项目任务的工作量,并确定任务之间的依赖关系。

(2) 项目计划评审

对于制定出的项目计划,进行评审。

如何进行项目计划评审?

① 按照评审流程组织评审;

② 参与人员为:项目经理、品质保证员、配置管理员、需求负责人、系统设计负责人、开发负责人、测试负责人、市场商务人员、公司高层领导;

③ 评审内容为项目计划书。

（3）召开项目启动会议

项目计划经过评审后，召开项目启动会议，该会议是项目启动的里程碑，标志着项目正式启动，一般也是项目的第一个里程碑。

如何召开项目启动会议？

① 会议发起人为项目经理；

② 会议主持人为项目经理；

③ 项目经理确定与会人员为项目全体成员；

④ 项目经理确定会议召开时间和召开地点；

⑤ 项目经理安排预定会议室；

⑥ 项目经理分发项目计划书给项目所有成员，并通知项目所有成员会议召开的目的、时间和地点，邀请市场商务人员和公司高层领导与会；

⑦ 会前准备好资料（必要时打印资料），会议预定召开时间前十分钟，项目经理提前进入会场，确认设备是否完备，如投影机、扩音器是否正常等。

⑧ 准时召开会议，议程大致如下：

● 介绍与会人员，致欢迎词；

● 确定本次会议记录人员；

● 介绍项目产生背景；

● 介绍客户相关的背景及领域知识；

● 逐一介绍项目计划书的内容（请参考项目计划书模板）；

● 集中时间统一回答与会人员提出的问题；

● 请会议记录员确认记录无误。

⑨ 会后发出会议纪要，并存档。

3. 项目生产阶段

项目生产阶段工作流图如图 2-4 所示。

（1）项目状态监控

如何进行任务状态监控？

① 定期准时进行项目例会，总结本周进展情况，问题解决跟踪及风险讨论，通告下周计划安排，一般周期以周计；

② 每周检查 WBS 是否满足进度，人力状况是否满足现阶段要求，及时调整计划；

③ 及时掌握组员的任务执行情况，对于任务进行分级管理（重要性、急迫性），重点跟踪重要和急迫的任务进展；

④ 有计划地与组员沟通，及时掌握组员的心理状况及困难，尽快找出解决方案。

（2）项目风险管理

如何进行风险管理？

① 建立风险跟踪表跟踪风险；

② 定期与组员沟通现阶段可能发生的风险；

③ 预估风险的成本及预防措施；

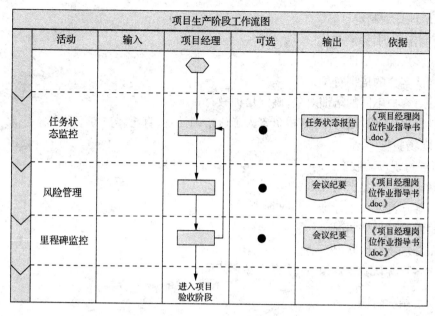

图 2-4　项目生产阶段工作流图

④ 对之前已经发现的风险的预防进展情况进行评估,及时关闭不存在的风险。

(3)项目里程碑监控

如何进行里程碑监控?

① 对于项目计划中既定的里程碑点,召开里程碑会议,来评审是否达到里程碑的要求;

② 会议流程请参考《品质保证计划书》。

4. 项目验收阶段

项目验收阶段工作流图如图 2-5 所示。

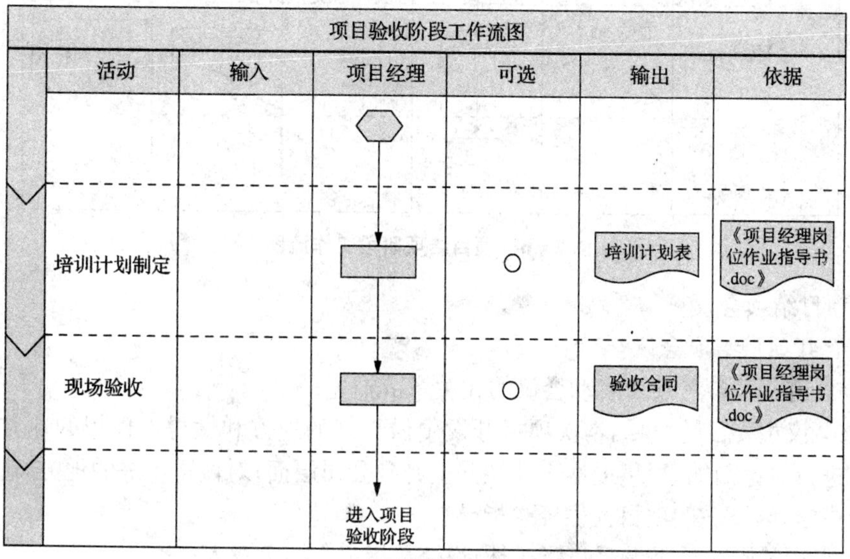

图 2-5　项目验收阶段工作流图

(1) 培训计划制定

如何制定培训计划?

① 与客户确认培训时间;

② 确认客户的培训对象;

③ 针对客户不同的培训对象,确定培训教材;

④ 制定出培训计划,并与客户负责人确认培训计划,直至客户签字认可。

(2) 现场验收

如何进行现场验收?

① 制定现场产品部署计划;

② 与客户沟通验收标准及验收细则;

③ 跟踪现场部署情况;

④ 跟踪现场验收状况;

⑤ 与客户确认验收效果,并使客户签字认可。

5. 项目结项阶段

项目结项阶段工作流图如图 2-6 所示。

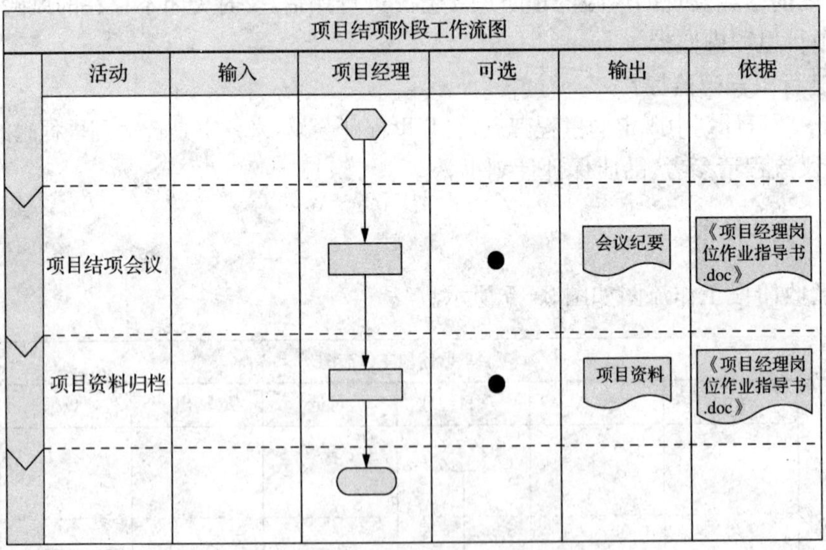

图 2-6　项目结项阶段工作流图

(1) 项目结项会议

如何召开项目结项会议?

① 会议流程请参考项目启动会议的相关章节描述;

② 该会议主要目的:总结本次项目开发中做得好的地方和做得不理想的地方,对做得好的地方进行讨论归纳,尽量提取出共性并上升到公司层面;对做得不好的地方,进行思考,讨论改善措施,为下一次项目提供经验指导;

③ 确定相关资料是否需要归档,归档路径及指定归档负责人;

④ 产品组件的提取,对于本次开发过程中,有一些公共的产品组件能或者将来可能被

其他项目复用的,对组件复用性进行评估。

(2) 项目资料归档

如何进行项目资料归档?

① 依据项目结项会议的结论,归档负责人进行归档;

② 归档负责人提交归档结果。

2.3.3　输出

这里描述工作流的最终成果物,项目经理岗位最终的输出文档有:

(1) 项目计划书;

(2) 会议纪要(多);

(3) 项目状态报告(多);

(4) 培训计划表(可选);

(5) 验收合同/验收单(可选)。

项目计划书描述了项目的范围、项目的组织架构与职责的定义、产品交付计划与管理、项目过程定义、项目开发生命周期的选择、WBS 工作分解、项目里程碑的定义、项目工作量与成本估算、项目资源的规划、项目监控措施,以及各类管理计划附件(项目品质保证计划、项目培训计划、项目风险管理计划、项目需求管理计划、项目配置管理计划和项目重用计划)等。

会议纪要主要有项目例会会议纪要、项目阶段性会议纪要,以及项目的其他各类会议的会议纪要。

项目状态报告包含项目周期性进展报告、项目里程碑状态报告、项目发布版本时配置状态报告、项目品质保证,以及审计报告等。

项目验收单是指项目经理协助客户完成项目的验收事宜,并产生双方签署的验收单。

2.4　本章小结

本章对项目经理岗位作业指导书做了详细的介绍,细致地分析了项目经理岗位的五个阶段:项目获得阶段、项目启动阶段、项目生产阶段、项目验收阶段,以及项目结项阶段的活动、输入输出,以及注意事项。

2.5　本章实训

1. 根据本章的内容,结合自己的相关经验,尝试设计出项目经理岗位作业指导书模板,并说明每个部分的意义,若模板中添加了新的内容,试说明添加该内容的理由。

2. 根据你参加的某项工作或者活动内容,试进行 WBS 工作分解,并使用甘特图制作项目进度。

第 3 章　软件项目管理文档模板

3.1　概述

本章给出项目经理岗位在工作过程中涉及的各类文档模板,其中关于项目品质保证和项目配置管理的模板,请参考软件配置管理和软件品质保证相关章节,这里就不一一列举了。

本章提供的主要模板有:项目计划书、项目 WBS 分解甘特图样例、任务分派书以及任务跟踪表,而项目经理岗位作业指导书模板、会议纪要模板、格式约定等文档模板,请参考品质保证相关章节描述,这里不再赘述。

3.2　项目计划书模板

3.2.1　模板

具体模板内容,请参见本书附件 1。

3.2.2　模板说明

以下十七点是对项目计划书模板的说明,请对照本书附件 1 进行认知学习。

(1)"项目背景"描述项目起源,分析市场上同类产品的特点,以及本产品与其他同类产品的差异性,分析客户群体,客户的环境与特性等。

(2)"项目目标"描述项目应达成的目标。

(3)"组织架构"描述项目中的角色和职责定义,以及项目成员与角色对应关系。通常用 MS OFFICE 的 VISIO 工具来绘制。

（4）"交付定义"章节指出产品交付的规划信息，表达什么时间交付产品的哪一部分，对应的版本号是什么。这部分信息非常重要，尤其对于增量开发模式的产品来说。

（5）"项目类型定义"根据项目的预估规模，参考公司的项目经验库，依据企业过程定义，定义该项目的类型（具体类型，每个企业依据自身情况而制定）。

（6）"选择开发生命周期"，依据项目的特点，选择（可能有裁剪）合适的项目开发生命周期。例如，瀑布模型、迭代—增量模型、原型模型、螺旋模型等（读者可参考开发模型的相关资料）。

（7）"项目关键路径"指项目开发中最长的开发路径或者由于外部事件触发的特定路径，一般关键路径影响着项目的整体进度，或者该路径上的活动对项目而言有着关键性的作用。项目管理需要关注项目的关键路径，以及在该条路径上的风险控制。

（8）"项目里程碑"指项目开发中具有重要意义的或者开发阶段的分界所标识的时间点，里程碑所标识的时间点具有重要的意义，一般不能往后延迟。从项目管理的角度，在里程碑时间点的控制上，一定要严格，这样，项目的整体进度才能按照计划推进。

（9）"项目规模预估"是根据客户对项目的描述与范围定义，结合企业自身的经验知识而预估出来的项目开发规模，规模一般用KLOC（千行代码）作为计量单位，也有其他的规模预估和计量方式，如功能点、逻辑语句等。

（10）"项目工作量预估"是衡量项目开发的工作量的方法，计量单位为人日、人月，甚至人年，表达了项目在标准人力的条件下，一共花费多少人力和多少时间完成该项目，它并不是精确描述人力和时间的关系，如3人月的工作量，不能简单代表1个人3个月完成，抑或3个人1个月完成，抑或6个人半个月能完成该项目。工作量代表的是一种项目活动的工作付出程度的量化，并不是人力和时间的换算公式。

（11）"项目成本估算"依据项目的类型和预估的工作量，按照公司项目知识库的经验值，可以估算出项目的成本。

（12）"项目监控"要定义项目的监控点（monitoring point），监控点表述了哪些活动需要被监控，监控方法是什么，评判依据是什么，以及什么时间监控。被列入监控点的活动，一定是对项目有重大影响或者作用的活动，值得项目经理关注的活动。有一些是周期性的常规监控，如项目例会和项目阶段性进展报告。

（13）"项目资源规划"包含人力资源和软硬件及环境资源，人力资源规划就是按照项目的每个阶段的特点，任务的特点来设定人力配备；还需要关注产品所运行的软硬件要求，以及运行环境的规划。

（14）"项目品质保证"和"项目风险管理"请参考"软件品质保证"相关的章节内容。

（15）"项目培训"分为内部技术培训和外部客户培训。内部技术培训主要是项目的技术特点，现有团队人力不能完全匹配，而开展的一项有针对性的技术培训，目的是使项目团队能符合该项目的技术要求；外部客户培训指的是在产品交付时部署到客户环境以后，需要组织客户进行软件操作和维护相关的培训（含培训规划和实施），使得客户在正式使用前对产品已经有了基本的了解，能在产品上线后很快正确使用起来。

（16）"项目决策"章节是为了对于项目的重大决策使用决策表的方法进行跟踪、记录和管理，决策表包含的内容有：项目所处阶段、决策负责人、决策内容描述、决策方式、决策时机等。项目所处阶段描述做决策的当前阶段（开发过程是由阶段组成的）；决策负责人是做决策的团队责任人,一般是项目经理,某些情况下是需求分析师或者软件架构师;决策内容描述表示决策的内容是什么,包含问题描述,解决方案有哪些,为什么采取某一个解决方案(即该方案的优点分析);决策方式指的是决策的手段是什么;决策时机表述了做该决策时间,并解释为什么在这个时间点上做该决策。

(17)"项目重用计划"分为两个部分:该项目能重用哪些组件,以及在结项后能产生什么重用组件。前者指的是项目中使用的外部组件有哪些,为什么采用这些组件,这些组件能给项目带来什么益处;后者指本项目结束后,能提供什么功能的组件,以便将来的项目重用。

3.3 项目 WBS 甘特图样例

3.3.1 样例

任务名称	工期	开始时间	完成时间	前置任务
□ VB技能内部培训	15 工作日	2012年03月17日	2012年03月31日	
环境准备	0.5 工作日	2012年03月17日	2012年03月17日	
环境操作与熟悉	0.5 工作日	2012年03月17日	2012年03月17日	2
□ 基础语法学习	2 工作日	2012年03月18日	2012年03月19日	
数据类型	0.5 工作日	2012年03月18日	2012年03月18日	3
控制结构	0.5 工作日	2012年03月18日	2012年03月18日	6
过程与函数	1 工作日	2012年03月19日	2012年03月19日	6
□ UI设计学习	3.5 工作日	2012年03月20日	2012年03月23日	
窗体	0.5 工作日	2012年03月20日	2012年03月20日	7
对话框与菜单	0.5 工作日	2012年03月20日	2012年03月20日	9
控件	1 工作日	2012年03月21日	2012年03月23日	10
□ 网络编程	2 工作日	2012年03月23日	2012年03月25日	
网络编程基础	0.5 工作日	2012年03月23日	2012年03月23日	11
winsock控件学习	1.5 工作日	2012年03月24日	2012年03月25日	13
□ 数据库编程	3 工作日	2012年03月25日	2012年03月28日	
SQL语法强化	0.5 工作日	2012年03月25日	2012年03月25日	14
数据库访问接口	0.5 工作日	2012年03月26日	2012年03月26日	16
DAO学习	1 工作日	2012年03月27日	2012年03月27日	17
ADO学习	1 工作日	2012年03月27日	2012年03月28日	18
□ 文件IO与WindowsAPI	1 工作日	2012年03月28日	2012年03月29日	
文件IO学习	0.5 工作日	2012年03月28日	2012年03月28日	19
API学习与DLL学习	0.5 工作日	2012年03月29日	2012年03月29日	21
知识点培训完成	0 工作日	2012年03月29日	2012年03月29日	22
项目实战	2.5 工作日	2012年03月29日	2012年03月31日	23

图 3-1 项目 WBS 甘特图样例

3.3.2 样例说明

以下三点是对项目 WBS 甘特图样例的说明,请对照 3.3.1 样例进行认知学习。

(1)将项目进行 WBS 工作分解,一般只分解到活动,不会细化到任务(任务是更细一级的工作内容描述,一个活动可由若干个任务组成),任务分派及任务跟踪,请参考相应的任务模板。

(2)WBS 分解一般使用甘特图技术来描述,通常使用 MS OFFICE 的 Project 工具来制作,当然也可以使用其他类似的甘特图工具。

（3）甘特图描述了活动、起止时间、负责人以及活动之间的依赖关系,通俗地讲,主要描述的是 3W,即谁(Who)在什么时候(When)做什么(What)。

3.4　任务分派书模板

3.4.1　模板

表 3-1　任务分派书模板

任务分派书					
被分派人	部门		分派人		
	姓名		分派日期		
	有效期		参与人		
任务编号			任务名称		
任务内容					
任务输入					
任务输出					
检核点					
备注					
版权:×××公司　　　　版本:×.×　　　　制表人:×××　　　　制表日期:YYYY-MM-DD					

3.4.2　模板说明

以下十点是对任务分派书模板的说明,请对照3.4.1模板进行认知学习。

(1)"被分派人"描述接收任务的人的信息,包括所属部门、姓名(工号)、任务分派的有效期,其中,任务分派的有效期表示该任务执行的起止时间,结束时间必须在有效期内。

(2)"分派人"指分派任务的人的姓名(工号)。

(3)"分派日期"指分派任务的时间。

(4)"参与人"指该任务的参与成员信息,信息包括姓名(工号),若有多个参与人,则用逗号隔开。

(5)"任务编号"是该任务的标识,在整个项目中任务编号具有唯一性。

(6)"任务名称"指该任务的名称,选取名称应简明扼要地描述该任务的目标。

(7)"任务内容"描述该任务具体的目标,建议用什么方案做或应采取什么技术特性,任务的步骤是什么,涉及协作方面,有什么注意事项,最后应取得的效果(结果)。

(8)"任务输入"向任务执行人指明执行该任务的前提是什么,需要什么样的资料/信息才能开始该任务的执行。

(9)"任务输出"向任务执行人指明该任务执行结束后,应该产生什么样的结果(应达成的目标)。

(10)"检核点"表明了任务跟踪的标准,描述在任务执行过程中或结束时,什么时间、如何去检查该任务执行的效果。检核点可以设置多个,在任务执行过程中或者结束时都可以设置检核点。

3.5　任务跟踪表模板

3.5.1　模板

表3-2　任务跟踪表模板

序号	项目类别	项目名称	子项目名称	任务编号	任务名称	责任人	参与人	下达时间	完成时间		任务状态	备注
									计划	实际		

3.5.2　模板说明

> 　　以下十一点是对任务跟踪表模板的说明，请对照 3.5.1 进行认知学习。

（1）"项目类别"分为计划项目、临时项目、常规非项目、临时非项目四大类。计划项目和临时项目是针对项目任务的跟踪管理；而常规非项目和临时非项目是针对其他非项目性的工作的跟踪管理。计划项目为经过立项，遵循开发过程和规划的项目；而临时项目指的是突发性的项目，一般比较紧急，工期较短。

（2）"项目名称"栏位填写项目编号＋项目名称。

（3）"子项目名称"栏位是针对大型项目设计的，当一个大项目分为几个小项目在进行时，任务应能归类到子项目级别。

（4）"任务编号"栏位填写指定任务的编号，与"任务分派书"中的任务编号一致。

（5）"任务名称"栏位填写指定任务的名称，与"任务分派书"中的任务名称一致。

（6）"责任人"栏位填写执行任务的责任人姓名（工号），与"任务分派书"中的被分派人姓名一致。

（7）"参与人"栏位填写该任务的参与者姓名（工号），多个参与者间以逗号分隔，与"任务分派书"中的参与人一致。

（8）"下达时间"栏位填写该任务下达的时间，与"任务分派书"中的分派时间一致。

（9）"计划完成时间"栏位填写应完成任务的时间节点，不能晚于"任务分派书"中的有效期的截止日期。

（10）"实际完成时间"栏位填写该任务实际完成的时间，若比"任务分派书"有效期的截止时间早，则表示该任务提前完成；若比"任务分派书"有效期的截止时间晚，则表示该任务是滞后完成的。

（11）"任务状态"栏位填写每一个跟踪周期内，指定任务的状态，任务状态有：已计划、进行中、已完成、已延迟、已取消、已暂停。

3.6 项目阶段性进展报告模板

3.6.1 模板

表 3-3　项目阶段性进展报告模板

项目名称							
汇报周期		到		报告人		日期	
本周进展							
主要问题 风险预防							
下周计划							

3.6.2 模板说明

以下三点是对项目阶段性进展报告模板的说明,请对照 3.6.1 进行认知学习。

(1)"本周进展"描述本周实际做了哪些工作,完成情况如何。

(2)"主要问题与风险预防"大体上分为两个部分,第一部分描述本周工作进行过程中出现了什么问题,这些问题的解决状态是什么,解决方案是什么,采取某个解决方案的理由;第二部分描述目前为止的风险预防的情况如何,是否辨识出新的风险,风险的成本与发生概率是什么。

(3)"下周计划"描述下周准备做的工作是哪些,需要达成哪些目标。

注意啦！

这里所给出的项目阶段性
进展报告模板与品质保证员岗
位篇中所给的"周报表"是相
似的，两者可以统一处理，一
般情况下由品质保证员决定使
用何种模板。

3.7　本章小结

本章展示了项目经理岗位所涉及或使用的各类文档模板的文档结构，以及详细描述了模板中每一个部分的功能与作用。本章介绍的模板有项目计划书、项目 WBS 分解甘特图样例、任务分派书以及任务跟踪表，而项目经理岗位作业指导书模板、会议纪要模板、格式约定等文档模板请参考品质保证相关章节描述。

特别注意的是，本章描述的模板仅是作者总结得出的，仅供读者参考，在实际运用中，需要大家根据自己的实际情况而变化。

3.8　本章实训

1. 请使用 MS Project 工具做一个旅游行程安排的甘特图。

2. 根据本章的任务分派书模板以及任务跟踪表模板，制定一个"一日计划"，描述在某日需要做哪些事情，分别分派给谁，如何跟踪。

第4章　项目经理岗位实训任务与操作案例

本章通过一个实训项目来训练大家的实践能力,为了让大家更好地掌握该岗位情况,将使用一个实际案例来展示项目经理岗位的操作,使大家进一步理解该岗位作业在实际项目中的应用。

4.1　项目经理岗位实训任务

项目经理岗位实训,应该与采取项目小组形式开展的岗位实训同步进行。一般实训小组组长担任项目经理。本章实训任务描述只起示范作用,可根据实际小组实训项目进行描述。

4.1.1　实训名称

图书管理系统项目管理工作

4.1.2　实训场景

每所学校都有图书馆,随着计算机的普及,对图书馆的日常工作进行信息化管理已经成为必要手段,这可以有效地提高管理效率,满足师生对图书资料查阅的需求。

4.1.3　实训任务

图书管理系统要求完成图书信息管理、读者信息管理、借阅信息管理、打印管理等几个功能模块。每个功能模块均需完成相对应数据的增、删、改、查操作。本实训的任务是对该图书管理系统这一开发项目实施项目管理,包含项目启动阶段、项目生产阶段和项目结项阶段的活动的管理工作。

本实训目的是强化项目经理岗位的职责,熟悉项目管理的基本工作流程,提升项目管理技能。

4.1.4　实训目标

知识目标:熟悉项目经理岗位相关的知识点。

能力目标：灵活应用各类模板，制作出合格的管理性文档，并在实践中熟悉项目管理的基本内容：项目决策、项目规划、团队建设、规模和工作量预估、成本预算与控制、风险管理、任务执行跟踪与管控、质量控制、进度控制、交付管理、变更管理、绩效考核。

素质目标：沟通技巧以及组织协调能力。

4.1.5　实训环境

本实训是针对图书管理系统开发而进行的项目管理工作，因此，本实训的开展必须围绕着图书管理系统的正式开发进行，其不能独立存在，必须依附于实际项目的开发，所以针对项目经理岗位的实训最佳条件是在实际项目开发过程中同步进行。

4.1.6　实训实施

项目实施参考本书第2章项目经理岗位作业指导书的内容进行，这里给出主要的任务步骤以便参考。

任务一：制定项目计划

主要包括：确定开发模型，确定项目的组织架构，确定项目的规模与工作量，进行工作分解，最终制定出项目计划书。

项目计划书模板请参见附件1。

任务二：项目计划评审

对制定好的项目计划书进行评审，通过后可正式启用。

任务三：项目任务分派

根据项目计划书给项目组成员进行任务分派，正式进行项目。

任务四：项目任务状态监控

在项目进行过程中监控进展情况，随时掌握以便对项目进行把控。

任务五：项目结项与验收申请

项目完成时需撰写项目总结报告，并向客户提交项目验收申请。

4.1.7　实训汇报

（1）提交实训报告。

（2）提交软件岗位实训报告附件。

必选附件：项目计划书、项目进度报告、项目总结报告。

所有文档电子稿存档并上交；对于实训过程中产生的手写文档，需进行扫描或拍照形成PDF 格式文档存档并上交。

4.1.8　实训参考

实施步骤参考:项目经理岗位作业指导书。

实施文档参考:软件项目管理文档模板及附件1。

实训案例参考:项目经理岗位操作案例。

实训报告参考:软件行业岗位实训报告模板。

4.2　项目经理岗位操作案例

4.2.1　任务场景

虚拟项目描述:企业在销售过程中涉及合同管理、资金管理、服务评价,以及招投标等活动,这些活动涉及很多部门与人员的协作,也涉及信息的流转与保密问题,往往需要投入很多人员来保障这些问题,同时,由于涉及各个环节,在业务处理过程中也容易发生一些人为失误。

通过开发一个网上销售助手的软件支撑平台,使业务流转顺畅,工作效率得到提升,资源合理分配,数据统一规划等,为销售活动提供了基础的支持与保障。

假定该项目的范围并不清晰,对于需要实现的功能没有明确的边界。

4.2.2　任务目标

网上销售助手旨在提供一个全方位、智能化的销售支持服务。本系统集合同管理、资金管理、服务评价、招投标管理、客户管理、咨询投诉、统计分析等功能为一体,为销售体系提供运营自动化、智能化的支撑服务。

1. 与服务门户集成

网上销售助手与企业门户网站整合与集成,网上销售助手可以发布一些销售资讯和统计数据到门户网站。

2. 合同管理功能

在销售工作中必然会涉及商务谈判与合同签署,本系统提供合同的管理,包括合同上传、关联订单、合同信息维护等。

3. 资金管理功能

该功能与合同管理功能配合,管理合同的资金来往。

4. 服务评价功能

该功能提供了一个反馈平台,采集客户对销售活动的满意度,提供评价分值体系、评价信息管理、客户满意度统计等。

5. 客户管理功能

提供了一个简易的客户管理功能,实现对销售对象的管理及潜在销售对象的分析与挖掘。

6. 咨询投诉功能

无论在售前售后,客户可以通过该功能进行业务咨询或者投诉。

7. 统计分析

系统提供了各类统计报表,领导通过这些报表可把握销售情况,通过数据分析与挖掘,分析市场趋势,作为决策依据。

4.2.3　任务实施

由于本案例是一个虚拟项目,项目获得阶段和项目验收阶段的活动无需赘述,这里省略项目商务计划、项目决策、客户培训,以及现场验收等相关案例内容。下面重点对项目启动阶段、项目生产阶段和项目结项阶段进行详细描述。

任务一　项目计划

1. 确定开发模型

由于该项目需求不甚清晰,为了保证项目顺利完成,降低开发风险,可以采取如下开发模型:

(1) 为逐步细化和明确需求,在需求分析阶段采用原型模型,先在现有资料消化理解的基础上,设计出页面模型,并提交给客户审核,组织需求交流讨论会,组织方演示原型,讲解需求的理解,并与客户达成一致的需求理解。

(2) 架构设计阶段也采用原型开发模型,通过需求原型的演化,转化成架构模型,并通过架构验证。

(3) 项目的整体开发过程采用 RUP 开发模型。

2. 确定项目的组织架构

该项目的组织架构图如图 4-1 所示,由于是一个虚拟项目,团队的成员只显示姓,表示此类信息为示意性的,而不是真实的人名。

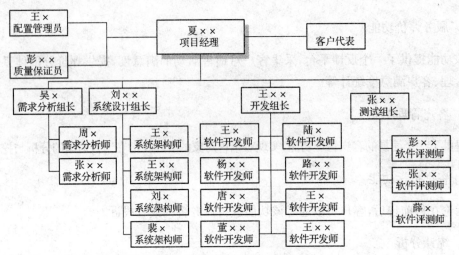

图 4-1 项目组织架构图

3. 确定项目的规模与工作量

依据需求的理解和企业知识库的经验值,项目的规模评估为 96.7KLOC(该数据仅为参考数据),项目的工作量如表 4-1 所示。

表 4-1 项目工作量估算

系统	模块/功能	工作量(人天)
服务门户集成	信息发布	6
	在线交流	8
	门户管理	15
	集成	10
业务管理	合同管理	80
	资金管理	20
	服务评价	40
	统计分析	30
	咨询投诉	40
客户管理	客户信息维护	15
	客户星级设定	30
	客户分析	15
系统管理	组织架构管理	10
	用户管理	15
	权限管理	10
	系统参数管理	8
	菜单管理	5
	日志管理	10
合计		367

4. 项目 WBS 工作分解(如图 4-2 所示)

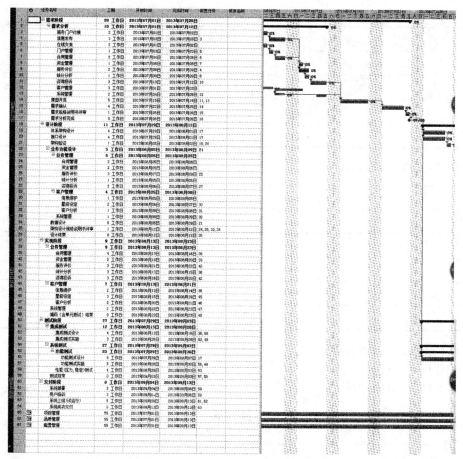

图 4-2　项目 WBS 工作分解

5. 项目计划书

×××公司

网上销售助手系统

项目计划书

版本号<1.0>

主要人员	联系电话	岗位	地点

文档信息

修订记录：

时间	版本	修订人	审核人	状态	

授权修改此文档的人员列表：

名字	岗位	地点

撰写此文档所应用的软件及版本：

Microsoft Office 2003；

Microsoft Office Visio 2003。

目　录

1　概述

1.1　项目背景

企业在销售过程中涉及合同管理、资金管理、服务评价以及招投标等活动,这些活动涉及很多部门与人员的协作,也涉及信息的流转与保密问题,往往需要投入很多人员来保障这些问题,同时,由于涉及各个环节,在业务处理过程中也容易发生一些人为失误。

通过开发一个网上销售助手的软件支撑平台,使业务流转顺畅,工作效率得到提升,资源合理分配,数据统一规划等,为销售活动提供了基础的支撑与保障。

假定该项目的范围并不清晰,对于需要实现的功能没有明确的边界。

1.2　项目目标

网上销售助手旨在提供一个全方位、智能化的销售支持服务。本系统集合同管理、资金管理、服务评价、招投标管理、客户管理、咨询投诉、统计分析等功能为一体,为销售体系提供运营自动化、智能化的支撑服务。

1. 与服务门户集成

网上销售助手与企业门户网站整合与集成,网上销售助手可以发布一些销售资讯和统计数据到门户网站。

2. 合同管理功能

在销售工作中,必然会涉及商务谈判与合同签署,本系统提供合同的管理,包括合同上传、关联订单、合同信息维护等。

3. 资金管理功能

该功能与合同管理功能配合,管理合同的资金来往。

4. 服务评价功能

该功能提供了一个反馈平台,采集客户对销售活动的满意度,提供评价分值体系、评价信息管理、客户满意度统计等。

5. 客户管理功能

提供了一个简易的客户管理功能,实现对销售对象的管理及潜在销售对象的分析与挖掘。

6. 咨询投诉功能

无论在售前售后,客户可以通过该功能进行业务咨询或者投诉。

7. 统计分析

系统提供了各类统计报表,领导通过这些报表可把握销售情况,通过数据分析与挖掘,分析市场趋势,作为决策依据。

2 目的与范围

2.1 目的

本文对项目的背景与目标进行阐述,并对项目的组织架构、项目计划、项目监控等活动进行描述,使后续的项目开展有一个明确的指导方针;有一个切实可行的计划安排,便于过程监控与管理;有一个职责明确、分工合理的团队结构奠定基础。

2.2 范围

此项目计划书中包含下列内容:项目任务与目标、项目任务分解、项目的组织架构和职责定义、项目进度时间表、项目质量控制计划。

3 与其他文档的关系

输入文档:《区域中心服务与管理平台建设方案》。

依赖文档:配置管理计划书,品质保证计划书。

4 组织架构

4.1 组织架构图

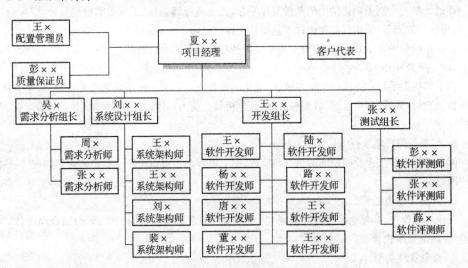

4.2 岗位与职责

角色	职责描述
项目经理	项目总负责人,协调和管理项目总体事务
配置管理员	配置管理责任人,负责项目配置项的管理,版本控制与管理、变更控制与管理
品质保证员	品质保证责任人,负责过程与规范管理,流程监控以及评审、审计组织
需求分析组长	需求分析责任人,需求分析管理与变更内容管理
需求分析师	负责需求捕获与管理,通过驻场、调研等手段将客户需求转化为软件需求
系统设计组长	系统设计责任人,系统架构决策与验证、系统设计的组织与质量评审
系统架构师	负责系统的架构设计、系统概要功能设计,以及数据模型设计

（续表）

角色	职责描述
开发组长	开发责任人,负责开发的分工协调,对开发的产出质量负责
软件开发师	负责软件实现、编码与调试、单元测试(交叉)
测试组长	测试负责人,负责系统的集成测试、功能测试、性能测试、压力测试等测试活动的规划、组织、实施与测试过程监控,软件质量的评估与承诺
软件评测师	负责系统的集成测试、功能测试、性能测试、压力测试等测试活动的规划、组织、实施与测试

5　项目定义

5.1　项目生命周期选择

- ∨ 需求分析阶段,采取原型开发模型。
- ∨ 架构设计阶段,通过该需求原型的演化,转成架构模型,并通过架构验证。
- ∨ 总体开发符合 RUP 模型。

5.2　项目计划

详细的项目计划,请参考"网上销售助手系统_项目计划.mpp"。

概要计划请参考下表。

序号	阶段	任务名称	起始日期	结束日期	人力
1	需求	需求分析与业务建模	2013 - 07 - 01	2013 - 07 - 19	3
		系统测试用例设计	2013 - 08 - 02	2013 - 08 - 07	4
		需求规格说明书评审	2013 - 07 - 22	2013 - 07 - 26	8
		系统测试用例评审	2013 - 08 - 07	2013 - 08 - 07	6
2	设计	架构设计	2013 - 07 - 26	2013 - 08 - 02	5
		系统功能设计	2013 - 08 - 05	2013 - 08 - 09	3
		数据设计	2013 - 08 - 05	2013 - 08 - 09	2
		系统集成用例设计	2013 - 08 - 13	2013 - 08 - 16	4
		系统压力测试模型设计	2013 - 08 - 12	2013 - 08 - 15	3
3	实现	业务管理子系统	2013 - 08 - 12	2013 - 08 - 23	4
		客户管理子系统 系统管理子系统	2013 - 08 - 12	2013 - 08 - 23	2
4	测试	集成测试	2013 - 08 - 26	2013 - 08 - 28	2
		功能测试	2013 - 08 - 26	2013 - 08 - 30	2
		性能测试 & 压力测试	2013 - 08 - 29	2013 - 09 - 03	2
5	部署 & 培训	系统部署 系统操作培训	2013 - 09 - 02	2013 - 09 - 06	3
6	上线	上线试运行　正式上线	2013 - 09 - 07		3

5.3　项目监控

5.3.1　项目晨会

✓　项目晨会,每日的 9:00—9:30 各项目组分别召开。

5.3.2　项目周例会

✓　每周五下午 1:30,召开项目周例会,项目全员参会。

5.3.3　日报

✓　每日项目组成员必须在项目管理平台上提交日报,报告任务完成情况。

5.4　风险管理

✓　每周召开项目风险研讨会,核心人员(项目经理、配置管理员、品质保证员、需求分析组长、设计组长、开发组长、测试组长,以及有直接关系的核心人员)参会,辨识风险,评估风险以及预防措施。

✓　每周项目例会,跟踪风险预防的结果。

5.5　项目培训计划

✓　目前项目成员满足项目的技能要求。

5.6　其他事项

✓　遵循公司的 CMMI 过程标准。

6　术语与缩写

无。

7　附件

1.“网上销售助手系统_项目计划.mpp”。

任务二　项目计划评审

请参考“品质保证”相关章节。

任务三　项目任务分派

表 4-2 所示是 WBS 中数据设计活动的一个任务:“合同管理的库表设计”的任务分派的样例,作为任务分派内容制作的参考。

表 4-2　任务分派书示例

任务分派书				
被分派人	部门	软件事业部	授权人	吴××
	姓名	刘××	授权日期	2012/1/10
	有效期	2012/1/11～2012/1/17	任务编号	SW-201201003
任务名称	合同管理功能库表设计			
任务内容				

（续表）

S001　合同管理系统库表设计 　　　包含合同模板、合同拟制、合同审核、合同签署、合同上传、合同查询子功能	
任务输入	
I001　软件需求规格说明书	
任务输出	
O001　S001 要给出库表设计结构信息，文档命名为：××公司_软件事业部_网上销售助手系统_合同管理_库表 　　　设计_刘××_YYYYMMDD.doc	
检核点	
C001　2012/1/14 14:00 检核依据:提供 O001 初稿,发起评审会议 C002　2012/1/17 17:00 提交 O001 终稿(修订稿)	
备注	

版权:×××公司	版本:1.0	制表人:刘××		制表日期:2012-1-10

表 4-2 给出了本项目中的某一个任务分派的情况，从中可以看出与之前给出的"任务分派书"模板有细微差别，这说明本书所给出的相关模板只是给定参考，并非必须一样，大家可根据具体情况进行适当增、删、改操作。

任务四　项目任务状态监控

下表给出了一个常规任务状态监控的手段，通过项目阶段性进展报告的形式呈现。

该项目阶段性进展报告案例仅供读者参考。

项目阶段性进展报告

项目名称	网上销售助手系统					
汇报周期	2013-7-8	到	2013-7-14	报告人	吴××	日期	2013/07/14
本周进展	1. 进场与客户进行充分交流,需求捕获与需求分析,完成了 12 个业务的建模工作。 2. 针对业务的核心对象进行了抽象与建模,完成了合同管理以及订单管理的抽象模型。 3. 与客户技术人员沟通企业门户网站接口以及对接事宜。 ◇ 通过有效协调,技术员提供了门户网站接口文档,并关于对接的问题做了交流。 ◇ 由于服务门户中的服务咨询功能实现得比较简单,不能满足平台的需求,因此,最终决策为平台提供一个独立的服务咨询功能,不与服务门户对接。					

（续表）

本周进展	4. 与客户讨论了网站的版面样式,并初步达成一致意向(有待下周的原型开发最终确定页面风格)。 复盘: 依据项目计划,本周内完成所有的用例(功能)分析,目前完成了80%,滞后6人天,下周安排3人加班赶上既定计划。
主要问题风险预防	问题: 1. 任务工作量评估,评估应提交什么信息,需要客户确认。 风险: 1. 某些业务细节,客户尚不明确。 预防措施:通过与客户有关部门有效及时沟通,将不明确的信息明确下来。 有效期:下周。 2. 系统原型需要反复与客户确认,原计划1周时间,比较紧张。 预防措施: 1) 通过本周的现场需求调研和对业务的理解,在周三开发一个原型初稿。 2) 安排一场交流会与客户确认原型细节。 3) 下周周末安排加班,将客户提出的问题进行修正。 有效期:下周。 3. 按照计划,下下周设计人员与测试人员需要介入,进行设计工作和测试用例设计工作,但设计人员与测试人员对需求不熟悉。 预防措施: 1) 提前一周进入项目组,原计划下下周进入,提前一周向公司申请资源。 2) 下周安排需求培训。 有效期:下周。
下周计划	1. 原型开发 目标:完成原型开发,并得到客户确认。 2. 需求分析 目标:完成需求分析,并得到客户签字认可。

项目例会与风险管理,请参考"品质保证"相关章节的案例内容。

任务五　项目结项与验收申请

项目结项期间需要撰写项目总结报告,并向客户提交项目验收申请书。以下提供了一个项目总结报告和验收申请书的案例,供读者参考。

网上销售助手
软件项目总结报告
版本:1.0

作者	×××	日期	2014-08-25
审批	YYY	日期	2014-08-27

变更记录

2014 - 08 - 25	0.1	建档	×××
2014 - 08 - 27	1.0	审查	YYY

目　录

1 项目信息

项目名称	网上销售助手系统	项目编号	SYRJSYB2013003
项目经理	×××	提交时间	2014 - 08 - 25

2 项目说明

本系统主要业务有：

1) 业务管理平台

实现从业务洽谈、业务流转到评价投诉等业务过程，主要包括业务管理与服务子系统、服务评价子系统、联盟成员管理子系统、客户关系管理子系统、投诉咨询子系统、统计分析子系统和系统管理子系统。

2) 服务门户集成

与现有服务门户系统进行集成，将其作为服务窗口，面向联盟成员及各类客户提供信息发布及个性化的信息服务。

3 项目周期

1) 项目进度总结

	估计	实际	偏差	偏差率
开始日期	2013 - 07	2013 - 07		
结束日期	2013 - 11	2014 - 08		

2) 偏差原因说明

正常进度计划如下：

(1) 2013 年 9 月 10 日，交付 0.1 测试版本，该版本包含核心功能：任务管理、订单管理和合同管理等。

(2) 2013 年 10 月 10 日，交付 0.2 版本，包含剩余功能。

(3) 2013 年 10 月 30 日，交付 0.3 版本，修复以上 2 个版本故障。

(4) 2013 年 11 月 15 日，提交正式版本 1.0。

总体项目的进度符合交付计划，但由于客户方对项目正式投入使用的时间表未定义，对于时间节点的控制相对宽松，加上业务繁忙，投入到该项目的测试和验收工作的人力和时间分配比较少，对于软件的功能没有及时进行系统化的测试，从 2013 年 12 月开始，基本上完成了项目的研发工作，项目未关闭是由于验收工作没有及时开展。

3) 改进措施

(1) 需求调研工作要更加贴近客户，减少我方由于对业务不熟悉而导致需求理解偏差的程度；

(2) 客户管理人员对于客户跟踪与把控还不到位，对于客户的实际状况，没有更有效的管理办法来缩小验收等待期。因此，客户管理人员需要更加细致地调研客户信息，掌握客户的实际情况，更加灵敏实时地采取应对措施。

4　软件开发和管理过程

4.1　过程说明

采用的过程	裁剪说明
原型开发＋敏感开发＋RUP 过程	无

4.2　过程改进建议

无。

5　开发工具和环境

5.1　开发工具

MyEclipse/JAVA/Oracle/SSH。

5.2　开发环境

WEB 应用服务器：IBM3850(推荐)，双核 CPU 16G 内存或者以上；

操作系统：Windows Server 2003 sp2 企业版或以上；

JVM：　jdk 6.0 或 jdk 7.0；

WEB 应用：Apache Tomcat 6.0 或 Apache Tomcat 7.0；

数据库引擎：oracle 10G 或 SQLServer 2008 或 MySQL 5.5。

6　风险管理

6.1　风险系数在项目阶段中的变化趋势

风险说明＼项目阶段	需求	分析	设计	编码	测试	实施
需求变更	0.50	0	0.1	0.2	0.3	0
人力变更	0	0	0.3	0.5	0.2	0

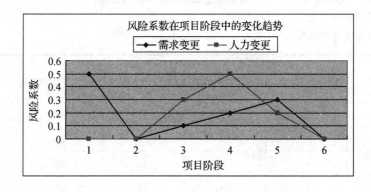

6.2 降低风险的策略

风险说明	说明
业务需求不明确	使用原型模型,对业务建模使客户积极参与其中,降低需求不明确的风险;使用敏捷开发、头脑风暴,邀请领域专家进行需求研讨
人力计划不明朗	由于各个阶段客户的反馈不及时,导致人力计划不明朗。应对措施为:与项目管理办公室协调,说明该项目的特殊性,对于人力的释放进行缓冲,逐步释放,并在紧急情况下有权限召回人力
交付物不能及时反馈	提请市场部门协调好客户的关系,在友好协商和互相理解和信任的前提下,协调双方,尽量使得项目可控

7 工作量

7.1 工作量概况

1)项目工作量情况

项目组人数	6/8[一般最大值]
估计的工作量	420 person days
实际的工作量	504 person days
总工作量偏差	84
总工作量偏差率	16.7%

2)偏差原因说明

(1)需求不明确,在业务建模工作上,多花费约 42 人天。

(2)客户反馈不及时,导致测试后返工,多花费 21 人天。

(3)其他,21 人天。

3)改进措施

(1)领域建模需要更加细致,特别是对于需求不明朗的项目,尤其要将需求明晰下来;

(2)在对客户的研究与响应上,还需要做更加细致的分析与行动。

7.2 工作量分布情况

1)项目工作量分布情况

阶段	计划		实际		偏差(%)
	比例(%)	工作量(人日)	比例(%)	工作量	
需求分析	30	126	34	169	25
设计	20	84	19	95	12
编码	30	126	31	156	2
测试	15	63	12	60	—5
实施	5	21	4	22	5
合计		420		504	

2）偏差原因说明

需求和设计明显超出阈值，原因在于：初始阶段需求不明确，需求工作花费了大量时间来进行业务研讨；该原因甚至影响到设计决策，因此，也放大了设计工作量。由于项目中期监控措施得当，在编码和测试阶段，未受太大波及。而由于衔接的几个阶段项目有滞后，在编码中期开始到测试阶段，制定了加班计划来解决项目进度延迟的问题，在测试阶段的负偏差就是一个明显的证据。

质量成本统计如下所示（单位为人时）

项目阶段	评审工作量	测试工作量	返工工作量	培训工作量	SQA工作量	当前质量相关工作量合计	质量成本比例
需求阶段	27		15	0	13.2	55.2	2.0%
设计阶段	24.1		23.6	6.5	12.2	66.4	2.4%
编码阶段	86	165	122.05	0	31.2	404.25	14.8%
测试阶段	0	132	0	0	6	138	5.1%
实施阶段						0	0.0%
合计	137.1	297	160.65	6.5	62.6	663.85	24.3%

8　质量

8.1　质量目标达成情况总结

服务与管理平台系统共有 4 个测试版本，测试时间为 2013/11/15 至 2013/11/29 日。共提交有效 bug 数 226 个：B1 提交 Bug 数 129 个，B2 提交 bug 数 67 个，B3 提交 bug 数 22 个，B4 提交 bug 数 8 个。研发修改了 226 个 bug，无历史遗留问题。

8.2　bug 情况分析

8.2.1　bug 版本趋势分析（如表 1 所示）

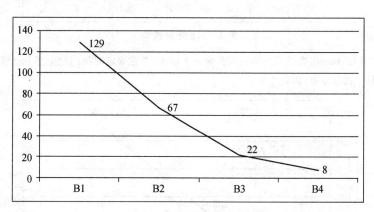

表 1　bug 版本趋势

分析 bug 版本趋势图可知，测试开始阶段发现 bug 数占据高位，由于研发人员的修改，后面的版本发现的 bug 数呈减少趋势。

8.2.2　bug 严重程度(如表 2 所示)

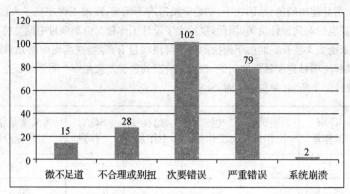

表 2　bug 严重程度

从表 2 中可以看出,测试 bug 主要集中在次要错误和严重错误,其中出现 2 个导致系统崩溃的 bug,经过开发人员的修改最终得以解决。严重错误主要是功能不能实现的 bug,也有部分是修改 bug 过程中衍生的 bug。

8.2.3　bug 修复趋势(如表 3 所示)

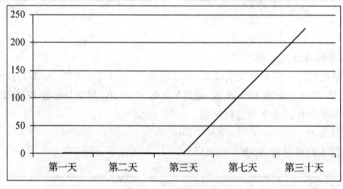

表 3　bug 修复趋势

分析表 3 可知,bug 在提交后的第三天开始着手解决,并在规定时间内把全部 bug 修改完毕。

8.2.4　bug 状态分布(如表 4 所示)

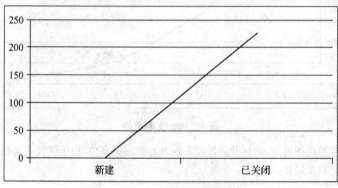

表 4　bug 状态分布

从表 4 中可以看出,所有发现的 bug 都已解决并关闭,无新建 bug。

8.3　测试分析

8.3.1　功能覆盖率

本次测试的功能覆盖率为 100%,功能覆盖符合测试要求。

8.3.2　修复成功率

在验证研发修改的 bug 时,有 29 个 bug 被打回。经研发人员再次修改,最终所有问题都得到修改,修复成功率达 100%,修复成功率较高。

8.4　测试结论

此次测试覆盖了服务与管理平台系统的所有功能点,bug 修复率达到 100%,无遗留问题;最终测试结论为通过。

9　过程改进建议

无。

10　提交产品清单

(1) 操作手册

(2) 测试用例设计文档

(3) 测试报告

(4) 系统设计文档(含编码指南)

(5) 数据字典文档

(6) 系统配置说明

(7) 源代码

网上销售助手系统验收申请

项目名称	网上销售助手系统	文档编号	SYRJSJB-100012
事　由	项目结项	日　期	2014 年 08 月 27 日

致:

　　我公司已按要求完成网上销售助手系统软件建设工作,经自检合格,现提交项目验收申请,请予以审查。

　　　　　　　　　　　　　　　　　　　　承接方:×××公司

　　　　　　　　　　　　　　　　　　　　代表:×××

　　　　　　　　　　　　　　　　　　　　日期:2014 年 08 月 27 日

甲方意见

　　　　　　　　　　　　　　　　　　　　甲方(章)

　　　　　　　　　　　　　　　　　　　　负责人

　　　　　　　　　　　　　　　　　　　　日期

第 2 篇

配置管理员岗位参考指南与实训

第5章 配置员岗位概述

5.1 软件配置管理

随着现代软件技术的发展,软件开发规模也随之逐渐增大,从原先几个人的项目发展到几十人、几百人的项目,甚至上千人的项目也比比皆是。对于这些规模较大的项目,在项目开发过程中难免会遇到复杂的软件项目需求,甚至出现频繁的变更。项目中,经常会遇到很多问题,例如:在开发过程中,如何来管理产生的大量文档、代码等资料;对项目的质量、进度等的监控如何实施;以及项目如何才能在规定的时间内开发完毕;如何保证后期的易维护性等。这些都是项目开发团队需要面对及解决的。

解决以上问题的主要方法就是配置管理(Configuration Management,CM)。CM 通过运用配置表示、配置控制、配置状态统计和配置审计,建立和维护工作产品的完整性和一致性。配置管理是对工作成果的一种有效保护,作为 CMMI2 级的一个关键过程域,配置管理在整个研发活动中具有很重要的地位。

软件配置管理工作的目的是创建基线、跟踪和管理变更,以及保证资料的完整性。为了有效地达成该目标,CM 活动要贯穿全项目过程。配置管理与任何一位项目成员都有关系,因为每个人都会产生工作成果。配置管理是否有成效取决于三个要素:人、规范、工具。

5.2 软件配置员岗位

5.2.1 配置控制委员会

配置控制委员会(Configuration Control Board,CCB)是系统集成项目的所有者权益代表,负责裁定接受哪些变更。CCB 是决策机构,不是作业机构。通常 CCB 的工作是通过评审手段来决定项目是否能变更,但不提出变更方案。

1. CCB 的岗位职责

(1) 制定、修改项目的配置管理策略;

(2) 批准、发布配置管理计划;

（3）建立、更改基线的设置；

（4）审核变更申请；

（5）根据配置管理员的报告决定响应的对策。

2. CCB 的组成

CCB 由项目所涉及的多方成员共同组成，通常由用户和实施方的决策人员组成，包括：

（1）产品或计划管理部门；

（2）项目管理部门；

（3）开发部门；

（4）测试或质量保证部门；

（5）市场部或客户代表；

（6）制作用户文档的部门；

（7）技术支持部门；

（8）帮助桌面或用户支持热线部门；

（9）配置管理部门。

当组建包含软硬件两方面项目的 CCB 时，还应当包含来自硬件工程、系统工程、制造部门或者硬件质量保证和配置管理的代表。

5.2.2 配置管理员

配置管理员（Configuration Management Officer，CMO）是软件配置管理活动中的岗位之一，是在软件项目开发过程中进行配置管理的人员，其主要工作职责是根据配置管理计划执行各项管理任务，定期向 CCB 提交报告，并列席 CCB 的例会。

首先，配置管理员需要与项目经理协商，制定配置管理计划，以便规划未来的配置管理工作。然后，规范配置管理的环境，与项目经理协商统一项目软件，实现项目组内的专机专用，生成配置管理环境维护清单，便于后期维护。具体表现为：

（1）在项目进行初期或首次进入项目时，应与项目经理、QA（Quality Assurance，质量保证员）、SCCB（Software CCB，软件配置控制委员会）及其他项目成员就项目的未来配置管理工作进行沟通，取得大家对配置工作的认可与支持；

（2）积极了解项目情况和项目各阶段的进展，为更好地进行配置管理做努力；

（3）熟练并充分利用配置管理工具，提高配置管理效率；

（4）为项目控制好版本，保证项目各阶段所使用的版本正确；

（5）及时发现项目问题，将问题及时反馈给项目经理、QA 或 CCB，并积极协助解决；

（6）与项目内其他组成员（如开发组、测试组等）协调工作，并能够很好地沟通；

（7）在项目中不断总结、分析，为项目内配置管理工作的进一步优化做贡献；

（8）项目进行中或结束后，总结并编写配置管理过程中的案例。

1. CMO 的岗位职责

（1）编制配置管理计划；

（2）执行配置项管理方案；

（3）执行版本控制和变更控制方案；

（4）编制配置状态报告；

（5）向 CCB 汇报有关配置管理流程中的不符合情况；

（6）建立和维护配置库。

2. CMO 的任职资格

（1）有良好的职业道德；

（2）能够独立规划项目的配置管理工作；

（3）熟练掌握配置管理的相关概念；

（4）了解配置的相关工具，熟练使用技术工程部配置所使用的工具；

（5）具有基本的与人沟通的技巧；

（6）了解项目管理过程中的主要环节和质量保证的各个方面；

（7）了解部分系统和应用工具，如数据库 ORACLE、前台开发工具 DELPHI 等。

除了上述基本技能外，配置管理组成员还必须重视配置管理工作，按规范实施配置管理工作，积极支持部门的配置管理方面的工作，积极支持与帮助其他人员，为部门配置管理能力的提高而贡献力量，熟悉公司配置流程以及其他相关的流程。为增进项目管理，对于项目内的困难和关键问题，应及时反映到部门。

5.3　本章小结

本章主要介绍了软件配置管理的基本概念以及工作目的，详细描述了软件配置员岗位中涉及的两大重要概念：配置控制委员会(CCB)和配置管理员(CMO)。重点介绍了配置控制委员会的岗位职责以及人员组成，以及配置管理员的岗位职责和任职资格。

5.4　本章实训

A 公司是刚成立的一家软件企业，主要承接开发中、大型项目。小李是个资深的配置管理员，应聘 A 公司的配置管理岗位，公司董事会经过面试，决定让小李负责整个公司项目的配置管理工作，组建公司级的项目配置管理部门。假设你是小李，你将挑选什么样的人员进入这个项目配置管理部？请写出人员招聘条件和岗位职责，并说明原因。

第6章　配置管理员岗位作业指导书

6.1　概述

6.1.1　定义

1. 作业指导书

同"第二章 项目经理岗位作业指导书"中的定义。

2. 配置管理员岗位作业指导书

配置管理员岗位作业指导书就是指导配置管理员作业活动的指导性文件,包括工作内容、作业条件、注意事项和输出要求。

6.1.2　作用

本作业指导书是指导保证项目配置管理过程质量的最基础的文件,用于指导配置管理员工作的具体过程,为开展配置管理活动提供指导。本指导书是项目工程质量体系程序文件的支持性文件。

6.2　配置管理员岗位作业指导书结构

本作业指导书从配置管理员岗位出发,着眼于配置管理员在软件项目中的工作内容和各个工作阶段的工作流程和活动细节,分别从输入、流程、输出和干系人关系角度阐述配置管理员活动作业的实施方法和注意事项。

6.3 配置管理员岗位作业指导书内容

　　根据配置管理工作内容，我们将配置管理员的岗位工作分为六大部分：制定配置管理计划、规范配置管理环境、建立配置库、实施配置培训、跟踪和管理变更、生成并发布基线等工作环节。具体情况如图6-1所示。

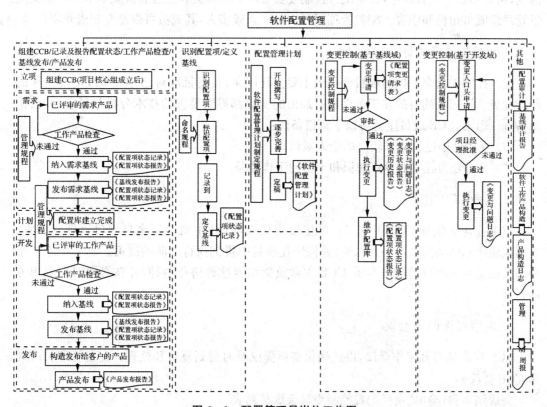

图6-1　配置管理员岗位工作图

6.3.1　入口准则

表6-1　入口准则

前提条件	输入文档
项目启动	《项目任务书》

6.3.2 作业流程

6.3.2.1 建立配置管理组

当《项目任务书》发布之后,项目经理应综合考虑项目规模、任务复杂度以及客户要求等因素,组建项目配置管理组,指定配置控制委员会(CCB)成员和配置管理员(CMO),定义配置管理组成员角色和职责。配置管理组可以是一人或多人,其成员可以是专职或兼职。

1. 组建配置控制委员会(CCB)

配置控制委员会是控制项目变更的主要责任团队,负责批准对已建立基线的配置项的所有变更。该团队的目的在于确保所有提出的变更都得到妥善的技术分析与复审,并已记录备查。通常,CCB 成员应具备以下资格条件:

(1) 在团队中已树立了较高的个人威信;

(2) 具有较为扎实的专业知识和丰富的工作经验。

2. 任命 CCB 主席

CCB 主席是领导 CCB 团队工作的主要责任人,CCB 主席必须来自项目管理办公室。主席应能明断团队内的不一致意见,并保证在项目中贯彻执行团队的决策。CCB 所作决定动态反映了开发项目的协作本质,CCB 主席负责培养这种协作精神,并在必要时采取单方面行动。

3. 定期召开 CCB 会议

CCB 应定期召开工作会议,以此确保变更提议及时得到复审和处理。配置管理员应列席 CCB 会议。

完成该步骤,输出"项目配置控制委员会成员列表"。

6.3.2.2 制定配置管理计划

配置管理计划是项目计划的重要组成部分之一,由配置管理员制定,经 CCB 审批通过后纳入项目综合管理计划发布执行。配置管理计划的主要内容应包括配置管理资源、配置项计划、基线计划、交付计划、备份计划等。

1. 配置项计划

(1) 识别配置项

研发和管理过程中会产生许多的工作成果,如文档、程序和数据等,它们都应该被妥善地保管起来,以便查阅和修改。凡是纳入配置管理范畴的工作成果统称为配置项(Configuration Item, CI)。配置项主要有三大类:

① 基线项:一般来说基线项包括与工程阶段直接相关的正式工作产品和对外承诺的管

理文件。例如,需求规格说明书、设计书、源代码、测试用例文档、项目计划中的里程碑计划、交付计划等。纳入基线的资料要通过评审或测试,对已经建立基线的配置项,必须在严格遵循变更控制流程的前提下才可以改变其内容。

纳入基线管理的时机通常包括:

● 客户提供的需求设计等相关资料在客户开始承认其内容变更时;

● 向客户进行阶段性交付和结项时的最终交付时;

● 累计需求变更工作量达到或超过项目范围控制基线时。

② 受控项:受控项是指不需要进行基线管理但变更后需要得到相关人员确认或通知到相关人员的配置项。通常包括:计划及其从属文件、过程定义、开发标准、客户输入的前期工作产品等。受控项是持续管理文件,应记录版本号。当受控项变更时,配置管理员应在项目组内发布版本变更通知。

③ 数据项:数据项是指对变更不做控制的一次性资料。通常包括邮件、途中作业成果、临时文档、各种管理表、报告、过程缺陷记录、统计度量记录等。若数据项的内容涉及相关方,配置管理员需通知到相关人员。

(2) 定义配置项标识

配置标识是定义各类配置项、建立各种基线、描述相关软件配置及文档的过程。

① 原则:用易于理解和推测的方式定义文件标识;要便于控制和管理;需保证唯一性和可追溯性。

② 命名:配置管理计划中要明确定义配置项的命名规则,内容包括版本号命名、工作产品命名、基线标签命名等。例如:

a. 版本号为三位序号方式,以".”号间隔,例如:<X>.<Y>.<Z>。新文件初始发布的版本号为 1.1.0,升级后的版本号不得小于升级前的版本号,见表 6 - 2 所示给出了版本号的命名规则。

表 6 - 2 版本号命名规则

编号	规则	升级条件
<X>	代表主版本号,一位整数,从 0 至 9 编号	有重大功能或架构调整时,主版本提升需经 CCB 评审通过
<Y>	代表次版本号,一位整数,从 0 至 9 编号	有子功能改善时,偶数为稳定版本。若版本稳定后可进行次版本号升级。次版本号升级需经项目经理评审通过
<Z>	代表修补程序版本号,两位整数,从 0 至 99 编号	进行缺陷修改时。修补程序版本号升级需经模块经理评审通过

b. 工作产品命名规则为:<项目简称>—<产品名>,例如:组织级培训管理系统项目(简称 OTS),其软件需求规格说明书命名为:《OTS—软件需求规格说明书》。

c. 基线标签命名规则为:<基线类型>—<项目简称>—<产品简称>—<YYYYMMDD>,其中 YYYYMMDD 代表年月日。基线的类型见表 6 - 3 所示。

表6-3　基线类型说明

基线类型	说　明
M	代表里程碑基线
B	代表普通基线
C	代表变更基线

例6-1　组织级培训管理系统项目(简称OTS),在2013年11月23日因需求变更,修改并审核通过后,第二次建立需求基线,该需求基线的标签为:C-OTS-RD-20131123。

(3) 定义配置库目录结构

工程项目中的所有配置项都应按照相关规定统一管理,一般来说,就是选择某种配置管理工具,定义一定的目录结构,为每个项目组成员分配不同的工作空间,并对已识别的配置项指定允许存储的目录位置。配置库的目录结构直接关系到配置管理工作的工作量和使用的便利性,所以配置库一定要根据项目需要确定一个合理的结构。根据项目类型的不同可以选择不同的目录结构方式,各级目录定义可依据项目的功能模块、产品文档类型和项目作业阶段。

① 功能模块优先。即优先考虑项目产品的功能模块,此类目录结构形式通常适用于按照模块划分作业的大规模项目,各模块都由相对独立的工作团队实施执行,各工作团队都有完整的管理模式和实施流程。

② 产品类型优先。即优先考虑工作产品的类型,工作产品通常可分为管理类资料和工程性资料,如各类计划管控文件、需求设计资料、源代码等。此类方法应用较为广泛,便于权限分配和版本管理。

③ 作业阶段优先。根据工程项目的工作阶段进行划分,如启动阶段、需求阶段、设计阶段、编码阶段、测试阶段、验收交付阶段、结项阶段等。此类方法通常用于小规模项目,结构简单,资料集中,利于工程人员的理解和使用。

根据需要建立配置库的项目规模和管理要求,应选择适当的配置库分类。一般来说,配置库可分为工程库、管理库、开发库和基线库四种类型。其中基线库是每个项目都必须建立的,工程库的内容包括管理库和开发库。

a. 项目管理库。是工程项目中专门给项目管理人员使用的配置库。使用者主要包括项目经理、模块经理、PPQA(Process and Product Quality Assurance,过程和产品质量保证)等,负责对项目过程和质量进行监控。设计开发人员可以阅读但不能增加、删除和修改。管理库主要存放项目管理类文档,包括计划、与外部干系人的重要往来记录、评审评估记录、阶段报告、度量分析报表、质量保证过程资料等。

b. 项目开发库。是项目中专门给全体工程技术人员的工作空间,项目管理人员可以阅读但不能增加、删除和修改,凡是项目涉及的工程阶段的产物都应在开发库中分配空间。一般来说,开发库的一级目录与项目阶段定义相一致。

c. 项目工程库。是存放项目工程所有配置项的配置库,包括管理类和开发类文档。

d. 项目基线库。凡是需纳入基线管理的基线项都需保存到基线库中。

本阶段输出"配置库目录结构"。

（4）定义配置项权限

完成配置库结构定义和配置项的识别工作后,就可以分配项目组成员对配置库中每个配置项的操作权限了。通常,对配置项目的操作权限有三种:只读、只写、读写。配置管理员应对每个配置项目在配置库中的位置,对配置库目录或配置文件设置项目组成员的读写权限。每个项目成员都应该按照权限要求存储工作产物,所有配置项的操作权限应由配置管理员严格管理。

在定义配置项权限时,要涵盖与项目相关的全体干系人。一般来说,可以直接操作项目文档的人员包括 CCB 成员、项目组成员和 QA。其中项目组成员根据其工作内容又可以分为项目管理者、需求人员、设计人员、开发人员、测试人员和运维服务人员。配置管理员应充分识别与每类项目人群工作相关的输入文档和输出产物,对输入文档赋予只读权限,对输出产物赋予读写权限。

本阶段输出"配置库目录权限定义"。

2. 基线计划

基线计划是针对已经识别的基线项制定的具体实施计划,内容包括基线名称、应该建立基线的时间点、被纳入基线的配置项,以及该基线的审批负责人。

基线计划由配置管理员制定,经项目经理审批后发布执行。已经制定的基线计划应同样被纳入配置管理。通常在制定基线计划的同时,要考虑对该计划的跟踪监控,因此,在本阶段通常输入"基线计划"及"基线计划跟踪表"。

3. 备份计划

为了保证项目配置项的持续稳定,防止因操作不当或灾害而导致的文件缺失,配置管理员应制定配置库的备份计划,在备份计划中应根据配置库资料的重要度和规模设计备份方式,如增量备份或全文备份。在计划中,应指明"何人"在"何时"（频度）将配置库备份到"何处"。

此阶段应输出"项目配置库备份计划"。

6.3.2.3　规范配置管理环境

配置管理计划制定结束后,配置管理人员要依据计划实施配置管理的前期工作。首先,必须规范配置管理的环境,实现项目组内的专机专用,与项目经理协商开发用机、测试用机、配置用机的情况,并最终生成配置管理环境维护清单,便于后期对环境的维护。

1. 硬件资源

配置管理员应详细了解项目团队的分布情况和工作产品的存储要求,以及团队成员的工作用服务器和客户机的实际位置,对项目产品数据量的预期大小进行评估,确定机器资源（服务器和硬盘空间）。选择硬件资源通常重点考虑所需内存、磁盘的输入/输出方式、网络带宽和所需的磁盘空间。完成该步骤后应输出"硬件资源计划"。

2. 软件资源

在当今社会,随着电子技术的飞速发展,计算机硬件的存储效能越来越高,企业用于存储和数据传输上的资金占比越来越小。现代应用软件的规模及复杂度日趋大型化、复杂化,这就导致软件开发的方式越来越强调团队的协作开发。而在这种开发方式下,会遇到许多问题,如回退整个软件的版本以恢复到以前的某一时间状态,限制随意修改程序,或者控制某一程序在同一时间内只能由一个开发人员修改等。为了解决这些问题,提高软件产品和软件项目的质量及软件开发过程中的管理水平,更好地为以后的软件开发工作提供有效的服务,必须采用先进的配置管理手段,实现软件产品和软件项目的科学管理。因此,在当今项目的配置管理过程中,资源管理的重心转移到软件资源方面,对配置管理工具和平台的选择已成为配置管理计划中必不可少的内容之一。

软件配置管理工具很多,当前,有很多专门的配置管理工具可以帮助配置管理员管理配置项和配置权限,如 Starteam、ClearCase、VSS、CVS、SVN、Git 等。其中,Starteam 和 ClearCase 更适合庞大的团队和项目,且价格不菲,所以并不常用,目前,使用比较广泛的有 VSS、CVS、SVN 和 Git。

ClearCase:IBM 旗下 Rational 公司的一款重量级配置管理工具。支持现有的绝大多数操作系统,但其安装、配置、使用相对复杂,并且需要进行团队培训。

VSS:全名 VisualSourceSafe,是微软公司开发的 VisualStudio 开发套件中的软件配置管理部分,有非常好的技术支持和非常详尽的技术文档。VSS 适合在局域网范围内,以 Windows 平台为主的中小项目,以文件管理为主要功能,使用方便、学习成本低、对服务器仅需要快速大容量的存储器也是它的优势。

CVS:全名 ConcurrentVersionSystem,是一种可以并发的版本控制系统。它是一个开源程序,可以满足局域网和广域网不同的网络条件,提供不同级别的安全性选择,在一台专门的服务器配合下,客户可以使用任何平台开发项目。CVS 本身是在 Unix 系统上开发的,在 Unix 下提供命令行使用模式。在 Windows 下可以选择搭建 CVSNT 服务,用 WinCVS 作为客户端。CVS 对于已经完成了开发过程进入项目维护阶段,或者进入项目升级阶段的项目,可提供完善的软件配置管理的支持,不过学习和操作学习成本比较高。

SVN:全名 Subversion,是 CVS 的替代产品,在 CVS 的功能基础上,采用了更先进的分支管理系统,保留了 CVS 的基本特性,但去除了 CVS 的缺陷,增加了对国际化语言的支持。SVN 实现了文件及目录的保存及版本回溯,它可以记录文件和目录的每一次修改情况,并可以查看更改细节,将数据恢复到以前的某个版本,不管对它进行什么操作,SVN 都会有清晰的记录,即使某文件在 N 天前被删除了,也可以被找回来。

本阶段应输出"配置管理环境方案"。

6.3.2.4 建立配置库

配置库作为项目组内成员今后工作的平台,前期的详细准备非常重要。配置库建立的准则有两个:

(1) 依据配置管理计划中的定义建立配置库;

(2) 与项目经理协商配置库人员使用的权限规定与配置库工作区间的划分,保证个人工作区间的隔离。

通常,配置管理员在发布了配置管理计划后,就要建立配置库,在软件项目中,建立配置库的过程就按照配置管理计划生成目录,并为每个配置库目录设置使用人的权限。

6.3.2.5　配置培训

作为与项目成员沟通配置管理内容的一个主要渠道,配置培训是配置管理活动中必不可少的一项工作。

全面的配置培训对项目能否顺利进行起着非常重要的作用。在项目初期,配置管理员应与项目经理协商确定具体的培训计划,包括培训目标、时间、地点、面向人群等。通常由配置管理员负责实施培训工作,项目组全体成员参加。培训内容可以包括:

(1) 配置管理的基本概念;

(2) 项目中配置管理工具的使用;

(3) 项目中配置管理的相关流程;

(4) 配置库的使用及规范等。

本阶段输出"配置培训计划"。

6.3.2.6　跟踪和管理变更

变更控制的目的并不是控制变更的发生,而是对变更进行管理,确保变更有序进行。对于软件开发项目来说,发生变更的环节比较多,因此,变更控制显得格外重要。

1. 需求变更

如图 6-2 所示,配置控制委员会(CCB)是项目变更控制管理的主要责任人,配置管理员应列席变更管理控制例会,并根据 CCB 决议维护对应的配置项。

需求变更流程通常从接收需求变更申请单开始,需要注意的是,变更请求单的提出人可以是客户,也可以是项目组成员。其中:配置管理员主要负责对需求变更的审查,更新变更记录,将拒绝变更返回给发起者,以及变更文档的归档;项目经理主要负责变更的评估;CCB主要负责审核变更;变更实施负责人根据审批结果实施变更;变更验证员负责对变更进行验证,提交项目变更审核单。

本阶段输出"项目配置项变更申请审批单"。

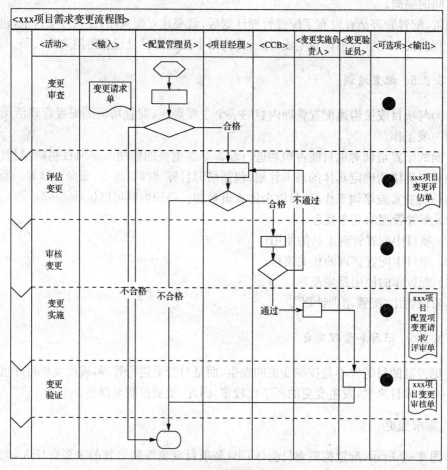

图 6 - 2　项目需求变更流程图

2. 缺陷变更

如图 6 - 3 所示,在缺陷变更过程中,配置管理员主要负责版本制作和关闭缺陷;CCB 主要负责对提出的缺陷进行决策,如果是缺陷,则提交给缺陷相关研究人员进行研究;如果不是缺陷,则直接提交配置管理员进行缺陷关闭。缺陷相关研究人员包括在开发阶段的开发人员或维护阶段的运维人员,

图6-3中缺陷报告模板根据不同公司,模板也不尽相同,视每个公司所用的不同工具而异。

他们负责研究所提出的缺陷是否是缺陷并分析产生原因;实施人员直接对出现的缺陷进行修改并将结果纳入配置库;缺陷审核人负责审核缺陷;缺陷验证人员负责对缺陷进行验证,如果验证是缺陷,则提交给配置管理员进行缺陷关闭,否则,将结果返回给 CCB,由 CCB 进行重新决策。

对已经发布了的重要文档(如需求文档、设计文档、项目计划)或代码,必须遵循"申请—

审批—执行"的变更管理流程。

在开发进度压力比较大的情况下,为了提高工作效率,允许省略"变更控制报告",但是,至少要得到项目经理的口头批准,并告知受影响的相关人员。

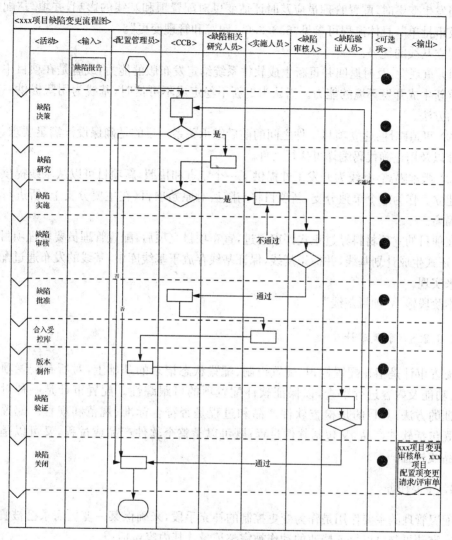

图 6-3　项目缺陷变更流程图

6.3.2.7　生成并发布基线

基线是软件文档或源码的一个文档版本,是进一步开发的基础。不是所有被纳入配置库进行版本管理的配置项都要进行基线管理,只有具有里程碑性质的配置项才可以成为基线项。基线项的存储空间应该是独立的。以 SVN 为例,新建立的配置库中通常默认有三个目录:Trunk、Branches 和 Tags。Trunk 是开发时版本存放的目录,通常在开发阶段产生的文档和代码都保存在这个目录下;Branches 是测试版本的存放目录,版本稳定后用于测试的版本保存在该目录中;Tags 是存放通过测试后的完整里程碑版本的目录,该目录下的版本代码和文档都不允许修改。

配置管理员应按照基线计划生成基线,并提交基线申请表,经过 CCB 审批通过后,方可发布执行。

当发生变更时,配置管理员应及时评估变更对配置项和基线的影响,并填写"配置变更申请及审批单",具体流程可参见"6.3.2.6 跟踪和管理变更"。

建立基线的优势:

(1)重现性:及时返回并重新生成软件系统给定发布版的能力,或者是在项目中的早些时候重新生成开发环境的能力。当认为更新不稳定或不可信时,基线为团队提供一种取消变更的方法。

(2)可追踪性:建立项目工件之间的前后继承关系。目的是确保设计满足要求、代码实施设计以及用正确代码编译可执行文件。

(3)版本隔离:基线为开发工件提供了一个定点和快照,新项目可以从基线提供的定点之中建立。作为一个单独分支,新项目将与随后对原始项目(在主要分支上)所进行的变更进行隔离。

在项目的立项材料经过正式评审通过,宣布项目立项后,配置管理员要整理项目的立项材料,正式生成计划基线,并标识基线,保证基线存放于基线库中,基线的发布通过配置状态报告来实现。

本阶段输出"项目基线"。

6.3.2.8 配置审计

配置审计是指在配置标识、配置控制、配置状态记录的基础上,对所有配置项的物理位置、功能及内容进行审查,以保证软件配置项的可跟踪性。配置审计是一种对软件进行验证的方法,其目的是检查软件产品和过程是否符合标准、规范和规程。配置审计的对象既包括软件产品,又包括软件过程;既可以是整个软件产品或过程,又可以是部分软件产品或过程。

1. 主要任务

配置管理的主要作用是作为变更控制的补充手段,来确保某一变更需求已被真实准确实现。审计机制可以保证修改的动作被完整记录。其内容包括:

(1)检查配置项是否完备,特别是关键的配置项是否遗漏;

(2)检查所有配置项的基线是否存在,基线产生的条件是否齐全;

(3)检查每份技术文档那个作为某个配置项版本的描述是否紧缺,是否与相关版本一致;

(4)检查每项已批准的更改是否都已实现;

(5)检查每项配置项更改是否按配置更改规程或有关标准进行;

(6)检查每个配置管理人员的责任是否明确,是否尽到了应尽的责任;

(7)检查配置信息安全是否受到破坏,评估安全保护机制的有效性。

2. 配置审计类型

通常,配置审计可分为功能配置审计和物理配置审计两类。

(1)功能配置审计:验证一个配置项的实际工作性能是否符合它的需求规格说明的一项审查,以便为软件的设计和编程建立一个基线。即通过对软件测试方法、测试流程及测试报告的评价,鉴定软件配置项的实际功能、性能是否达到了软件设计文档所规定的要求。功能审计的主要内容有:

① 验证是否已经完成了产品构建;

② 验证产品实现的用户功能是否正确;

③ 审核软件功能是否与需求一致并符合基线文档要求;

通常,功能审计要审查测试方法、流程、报告和设计文档等。

(2)物理配置审计:对照设计规格说明检验已建立的某个配置项,其目的是为软件的设计和编码建立一个基线。即通过对软件配置项交付版本的检测,鉴定文、图、物的一致性,并保证软件更改的完整性,所有要求的程序、数据、规程和文档都包括其中。物理审计的主要内容有:

① 评估软件基线的完整性;

② 评审配置管理库系统的结构;

③ 验证软件配置库内容的完备性和正确性;

④ 验证与使用的配置管理标准和规程的符合性;

⑤ 审核要交付的组成项是否存在,是否包含所有必需的项目,如正确版本的源代码、资源、文档等。

3. 配置审计检查单

通常,为了有效执行配置审计,达成审计目标,配置管理员应与项目经理商讨制定针对本项目的配置审计计划。

本阶段输出"配置审计计划"和"配置审计单"。

4. 配置状态报告

配置管理员应定期检查配置情况,并根据检查结果出具配置状态报告。

本阶段输出"配置状态报告"。

6.3.3　质量保证点

表 6-4　质量保证点

保证线	对象	频率及时机	责任人
测度	计划配置审计的次数 审计配置审计的次数	项目里程碑	度量分析员

（续表）

保证线	对象	频率及时机	责任人
测度	配置项的构成、基线状态、版本号等信息与配置库及基线库中的实际状况差异		配置管理员
评审	配置管理的流程	定期或事件驱动	PPQA
评审	配置管理的工作产品	定期或事件驱动	PPQA

6.3.4　完成准则

表 6-5　完成准则

完成条件	相关文档
项目交付	《项目总结报告》

6.3.5　输出成果

表 6-6　成果物说明

成果物	提交角色	备注
《配置管理计划》	配置控制委员会	当 CCB 与 CMO 为同一人时，《配置管理计划》应经项目经理审批通过后发布
《基线申请审批表》	配置管理员	当 CCB 与 CMO 为同一人时，可忽略基线申请审批流程，不输出《基线申请审批表》
《配置审计报告》	配置管理员	

6.4　本章小结

本章详细介绍了配置管理岗位中涉及的六大工作流程，包括制定配置管理计划、规范配置管理环境、建立配置库、实施配置培训、跟踪和管理变更、生成并发布基线等工作环节。同时，也列出了配置管理中的质量保证点、完成准则及输出成果物。

6.5　本章实训

小李是个有三年工作经验的配置管理员，到 B 公司工作不到一个月。一天小李接到通知参加一个名为 BlueAir 的软件系统建设项目，该项目规模较小，是个环保系统的门户网站建设项目，但时间要求非常紧张，从启动到交付只有一个月的周期。

项目经理小王要求小李制定一份配置管理计划。如果你是小李，你会怎样做呢？

第7章　配置管理文档模板

7.1　概述

本章详细列举了在配置管理过程中使用到的各类管理文档模板和样例,共计 11 个,见表 7-1 所示。

表 7-1　配置管理文档模板明细表

模板	使用者	关联章节
《项目配置控制委员会成员列表》	项目经理	6.3.2.1　建立配置管理组
《项目配置库目录结构》	配置管理员	6.3.2.2　制定配置管理计划
《配置库目录权限定义》	配置管理员	6.3.2.2　制定配置管理计划
《基线计划》	配置管理员	6.3.2.2　制定配置管理计划
《基线计划跟踪表》	配置管理员	6.3.2.2　制定配置管理计划
《项目配置库备份计划》	配置管理员	6.3.2.2　制定配置管理计划
《配置管理环境方案》	配置管理员	6.3.2.3　规范配置管理环境
《项目配置培训计划》	配置管理员	6.3.2.5　配置培训
《项目配置项变更申请审批单》	配置管理员	6.3.2.6　跟踪和管理变更
《项目配置审计》	配置管理员	6.3.2.8　配置审计
《项目状态报告》	配置管理员	6.3.2.8　配置审计

7.2　《项目配置控制委员会成员列表》模板

7.2.1　模板

表 7-2　×××项目配置控制委员会成员列表

制表人:　　　　　　　　　　　　　　　　　　　　　　　　制表日期:

姓名	项目角色	职责	联系方法

7.2.2　模板说明

以下两点是对项目配置控制委员会成员列表模板的说明,请对照7.2.1进行认知学习。

(1) 在实际工作中,CCB 成员通常是由项目组内或同行专家等兼职组成。项目角色是指该 CCB 成员在项目中的实际工作角色,如项目经理、系统架构师等。

(2) 职责可直接填写"成员""主席"或"CMO",也可以详细描述该成员的具体工作职责。当某成员担任 CCB 主席职务时,需在【职责】栏目中填写"主席"。

7.3　《项目配置库目录结构》案例

7.3.1　管理库

7.3.1.1　案例

×××项目管理配置库目录结构

文档	一级目录	二级目录	三级目录
与客户的来往记录 (客户方)	01_Communication	01_From 02_To	
与客户的来往记录		03_Within Project	
产品管理 (需求评审、问题记录)	02_ProductMng	01_Review	01_SRS[*1]
产品管理—评审记录 (设计评审、问题记录)			02_Design
产品管理—评审记录 (代码评审、问题记录)			04_CD[*2]
产品管理—评审记录 (测试评审、问题记录)			05_Test
交付验收(维护相关文档)		02_Maintenance	
交付验收(验收报告)		03_Acceptance	
过程管理—计划 (任务、计划和评审等)	03_ProcessMng	01_Plan	

（续表）

文档	一级目录	二级目录	三级目录
过程管理—资源 （组织、人员、设备等）		02_Resource	
过程管理—成本 （预算和评审等）		03_Estimation	
过程管理—进度 （里程碑报告、评审等）		04_Milestone	
过程管理—范围（需求变更）		05_Range	
过程管理—风险（问题风险）		06_RiskIssue	
过程管理—报告（项目周报）		07_PMC	01_WeeklyReport
过程管理—报告 （项目总结）			02_EndSummary
过程管理—记录（会议记录）		08_Record	01_Meeting
环境说明文档（测试）	04_Environment	01_Test	三级按测试阶段分
环境说明文档（数据库）		02_DB[*3]	
环境说明文档（Web）		03_WEB	
环境说明文档（开发）		04_CD	
质量保证（计划）	05_QA[*4]	01_PPQAPlan	
质量保证（度量）		02_MA[*5]	
质量保证（不一致问题）		03_NCReport	
质量保证（阶段报告）		04_PPQAReport	

7.3.1.2　说明

以下四点是对管理库的说明，请对照 7.3.1.1 进行认知学习。

（1）项目管理库是工程项目中专门给项目管理人员使用的配置库。

（2）使用者主要包括项目经理、模块经理、PPQA 等跟踪项目过程，负责对项目过程和质量进行监控的人员。

（3）设计开发人员可以阅读，但不能增加、删除和修改管理库。

（4）管理库主要存放项目管理类文档，包括计划、与外部干系人的重要往来记录、评审评估记录、阶段报告、度量分析报表、质量保证过程资料等。

7.3.2 开发库

7.3.2.1 案例

文档	一级目录	二级目录	三级目录
可行性分析	01_FSR(* 6)		
需求文件	02_Specification		三级目录按模块来分
设计书(概要设计)	03_DesignDoc	01_BD(* 7)	三级目录按模块来分
设计书(详细设计)		02_DD(* 8)	三级目录按模块来分
设计书(程序设计)		03_FD(* 9)	三级目录按模块来分
设计书(其他要求)		A0_OtherReqirement	三级目录按模块来分
参考资料(文档、工具等)	04_TechnicalDoc		
测试资料(单元测试)	05_TestDoc	01_UT(* 10)	三级目录按模块来分
测试资料(集成测试)		02_IT(* 11)	三级目录按模块来分
测试资料(系统测试)		03_ST(* 12)	三级目录按模块来分
交付验收	06_Deliverable	二级目录按模块或交付时间来分	
运行维护	07_OperationService		
代码	一级目录按模块分		

×××项目开发配置库目录结构

7.3.2.2 说明

以下三点是对开发库的说明,请对照7.3.2.1进行认知学习。

(1)项目开发库是项目工程中专门给全体工程技术人员的工作空间。

(2)项目管理人员可以阅读,但不能增加、删除和修改开发库,凡是项目涉及的工程阶段的产物都应在工程库中分配空间。

(3)一般来说,开发库的一级目录与项目阶段定义相一致。

7.3.3　工程库

7.3.3.1　案例

×××项目工程配置库目录结构

一级目录	二级目录	三级目录	四级目录
系统需求	模型	用例模型	用例包
		用户界面原型	
	数据库	需求属性	
	文档	前景	
		词汇表	
		涉众请求	
		补充规约	
		软件需求规约	
	报告	用例模型调查	
		用例报告	
系统设计与实施	模型	分析模型	用例实现
		设计模型	设计子系统
			接口
			测试包
		数据模型	
		工作量模型	
	文档	软件构架文档	
		设计模型调查	
	子系统-1	子系统目录结构	
	子系统-N	子系统目录结构	

（续表）

一级目录	二级目录	三级目录	四级目录
系统集成	计划	系统集成构建计划	
	库		
系统测试	计划		
	测试用例	测试过程	
	测试数据		
	测试结果		
系统部署	计划		
	文档	发布说明	
	手册	最终用户支持材料	
		培训材料	
	安装工件		
系统管理	计划	软件开发计划	
		迭代计划	需求管理计划
		风险列表	风险管理计划
		开发案例	基础设施计划
		产品验收计划	配置管理计划
		文档计划	质量保证(QA)计划
		问题解决计划	分包商管理计划
		流程改进计划	评测计划
	评估	迭代评估	
		开发组织评估	
		状态评估	
工具	开发环境工具	编辑器	
		编译器	
	配置管理工具	Rational ClearCase	
	需求管理工具	Rational RequisitePro	
	可视化建模工具	Rational Rose	
	测试工具	Rational Test Factory	
	缺陷追踪	Rational ClearQuest	

(续表)

一级目录	二级目录	三级目录	四级目录
标准与指南	需求	需求属性	
		用例建模	
		用户界面	
	设计	设计指南	
	实施	编程指南	
	文档	手册风格指南	

7.3.3.2　说明

　　项目工程库是存放项目工程所有配置项的配置库,包括管理类和开发类文档。

7.3.4　基线库

7.3.4.1　案例

×××项目基线库目录结构			
一级目录	二级目录	三级目录	四级目录
M_里程碑基线	01_计划基线	M_项目简称_PP_YYYYMMDD	《项目任务书》 《项目综合管理计划》
	02_需求基线	M_项目简称_RD_YYYYMMDD	《软件需求规格说明书》
	03_开发基线	M_项目简称_TS_YYYYMMDD	《概要设计书》 《详细设计书》 《源代码》
	04_测试基线	M_项目简称_TST_YYYYMMDD	《单元测试报告》 《集成测试报告》 《系统测试报告》 《验收测试报告》 测试通过的可执行文件
	05_产品基线	M_项目简称_PR_YYYYMMDD	产品组件 《用户使用手册》等

（续表）

一级目录	二级目录	三级目录	四级目录
B_普通基线	01_计划基线	B_项目简称_PP_YYYYMMDD	《项目任务书》 《项目综合管理计划》
	02_需求基线	B_项目简称_RD_YYYYMMDD	《软件需求规格说明书》
	03_开发基线	B_项目简称_TS_YYYYMMDD	《概要设计书》 《详细设计书》 《源代码》
	04_测试基线	B_项目简称_TST_YYYYMMDD	《单元测试报告》 《集成测试报告》 《系统测试报告》 《验收测试报告》 测试通过的可执行文件
	05_产品基线	B_项目简称_PR_YYYYMMDD	产品组件 《用户使用手册》等
C_变更基线	01_计划基线	C_项目简称_PP_YYYYMMDD	《项目任务书》 《项目综合管理计划》
	02_需求基线	C_项目简称_RD_YYYYMMDD	《软件需求规格说明书》
	03_开发基线	C_项目简称_TS_YYYYMMDD	《概要设计书》 《详细设计书》 《源代码》
	04_测试基线	C_项目简称_TST_YYYYMMDD	《单元测试报告》 《集成测试报告》 《系统测试报告》 《验收测试报告》 测试通过的可执行文件
	05_产品基线	C_项目简称_PR_YYYYMMDD	产品组件 《用户使用手册》等

7.3.4.2 说明

以下两点是对基线库的说明，请对照7.3.4.1进行认知学习。

（1）凡是需纳入基线管理的基线项，都需保存到基线库中。

（2）基线库的标识采用本基线库的三级目录名。

7.4　《配置库目录权限定义》案例

7.4.1　管理库案例

文档	一级目录	二级目录	三级目录	CCB	QA	PM	成员
×××项目管理配置库权限定义表							
与客户的来往记录(客户方)	01_Communication	01_From		读	读	读写	读
与客户的来往记录(项目方)		02_To		读	读	读写	
与客户的来往记录(组内)		03_Within Project		读	读写	读写	读写
产品管理(需求评审、问题记录)	02_ProductMng	01_Review	01_SRS[*1]	读写	读	读写	读写
产品管理—评审记录(设计评审、问题记录)			02_Design	读写	读	读写	读写
产品管理—评审记录(代码评审、问题记录)			04_CD[*2]	读写	读	读写	读写
产品管理—评审记录(测试评审、问题记录)			05_Test	读写	读	读写	读写
交付验收(维护相关文档)		02_Maintenance		读	读	读写	读写
交付验收(验收报告)		03_Acceptance		读	读	读写	读写
过程管理—计划(任务、计划和评审等)	03_ProcessMng	01_Plan		读	读	读写	读
过程管理—资源(组织、人员、设备等)		02_Resource		读	读	读写	读
过程管理—成本(预算和评审等)		03_Estimation		读	读	读写	读

（续表）

文档	一级目录	二级目录	三级目录	CCB	QA	PM	成员
过程管理—进度（里程碑报告、评审等）		04_Milestone		读	读	读写	读
过程管理—范围（需求变更）		05_Range		读	读	读写	读
过程管理—风险（问题风险）		06_RiskIssue		读写	读写	读写	读写
过程管理—报告（项目周报）		07_PMC	01_Weekly Report	读	读	读写	读写
过程管理—报告（项目总结）			02_End Summary	读	读	读写	读写
过程管理—记录（会议记录）		08_Record	01_Meeting	读	读	读写	读写
环境说明文档（测试）	04_Environment	01_Test	三级按测试阶段分	读	读	读写	读
环境说明文档（数据库）		02_DB（*3）		读	读	读写	读
环境说明文档（Web）		03_WEB		读	读	读写	读
环境说明文档（开发）		04_CD		读	读	读写	读
质量保证（计划）	05_QA（*4）	01_PPQAPlan		读	读写	读	读
质量保证（度量）		02_MA（*5）		读	读写	读	读
质量保证（不一致问题）		03_NCReport		读	读写	读	读
质量保证（阶段报告）		04_PPQAReport		读	读写	读	读

7.4.2 说明

以下两点是对配置库目录权限定义的说明，请对照7.4.1进行认知学习。

（1）CCB指本项目的配置控制委员会成员。

（2）项目管理者包括项目经理和模块经理，项目组成员包括需求、设计、开发和测试人员。

7.5 《基线计划》案例

7.5.1 案例

\×\×\×项目基线计划				
序号	基线名称	计划时间	基线配置项	审批人
1	M_项目简称_策划基线_YYYYMMDD	项目实施指导评审完	项目任务书、项目经理委任书、项目合同	PMO
2	M_项目简称_计划基线_YYYYMMDD	总体计划评审完	项目综合管理计划、预算表、配置管理计划、质量保证计划	PMO、项目经理
3	M_项目简称_需求基线_YYYYMMDD	需求评审完	需求调研报告、软件需求规格说明书	客户代表、CCB、PM
4	M_项目简称_设计基线_YYYYMMDD	设计评审完	概要设计、详细设计、编程规范	技术经理、PM
5	M_项目简称_代码基线_YYYYMMDD	单元测试完	源代码	技术经理
6	M_项目简称_测试基线_YYYYMMDD	测试方案评审完	测试方案、测试计划、测试用例	技术经理、CCB
7	M_项目简称_代码基线_YYYYMMDD	系统测试完	源代码	技术经理
8	B_项目简称_发布基线_YYYYMMDD	软件上线发布	源代码	技术经理

7.5.2 说明

以下是对基线计划的说明，请对照7.5.1进行认知学习。

基线计划是针对已经识别的基线项制定的具体实施计划，内容包括基线名称、应该建立基线的时间点、被纳入基线的配置项，以及该基线的审批负责人。

7.6 《基线计划跟踪表》模板

7.6.1 模板

表7-3 ×××项目基线计划跟踪表

序号	基线名称	计划时间	实际时间	不一致问题		源库名	目标库名
				基线配置项	审批人		

7.6.2 模板说明

> 以下四点是对基线计划跟踪表模板的说明,请对照7.6.1进行认知学习。

(1)基线计划跟踪表中的"基线名称"和"计划时间"与基线计划中的"基线名称"和"计划时间"内容一致。但一种情况除外,就是当因变更需增加变更基线时,在基线计划跟踪表中需增加变更基线记录,而因该类变更而生成的基线通常不包含在基线计划中。

(2)"实际时间"记录该次基线实际建立的日期以及该日期所代表的工程意义,例如:2013年9月20日,软件上线发布日。

(3)"不一致问题"中记录的是与基线计划的计划配置项和审批人相比较,实际建立的基线中不一致的配置项和审批人。

(4)"源库名"和"目标库名"指的是被纳入该基线的配置项在纳入基线前保存的配置库,以及被纳入基线后保存的配置库名。例如:源代码生成基线时,其源库名是"开发库",目标库名是"基线库"。

7.7 《项目配置库备份计划》模板

7.7.1 模板

表 7-4 ×××项目配置库备份计划

备份频率、时间	备份人	备份内容	备份目的地	备份方式

7.7.2 模板说明

> 以下五点是对项目配置备份计划模板的说明,请对照 7.7.1 进行认知学习。

(1)"备份频率、时间"指的是备份的周期,如每周、每月,或某个时间点,如每月 15 日。

(2)"备份人"指的是执行该备份工作的执行人角色,如配置管理员或系统管理员。

(3)"备份内容"指需要备份的资料内容,包括电子文件和实物文件。如已经建立了配置库,建议此处直接填写对应配置库的库名和目录名。

(4)"备份目的地"指备份后的保存空间,通常指备份机的机器名(或 IP 地址)和目录。

(5)"备份方式"指执行备份的手段,如磁带备份、硬盘备份等等。

7.8 《配置管理环境方案》模板

7.8.1 《硬件环境方案》模板

表 7-5 ×××项目硬件环境方案

配置项规模预期			
项目团队分布情况			
配置库服务器(数量:)			
CPU		内存	

硬盘		网络	
备份服务器（数量： ）			
CPU		内存	
硬盘		网络	

7.8.2 《软件环境方案》模板

表 7-6 ×××项目软件环境方案

配置管理工具名称			
建立基线的工具名称			
备份工具名称			
管理库名称		访问路径	
开发库名称		访问路径	
基线库名称		访问路径	

7.9 《项目配置培训计划》模板

7.9.1 模板

表 7-7 ×××项目配置培训计划

项目名称		培训日期	
培训人		培训地点	
目标人群			
培训目标			
培训内容			

7.9.2　模板说明

以下三点是对项目配置培训计划书模板的说明,请对照 7.9.1 进行认知学习。

(1)"目标人群"指被培训的人员,可以填写具体的人员姓名,也可以是项目角色。

(2)"培训目标"指培训的目的和要求,通常根据被培训人群对配置管理的熟悉程度,以及项目配置要求设计。

(3)"培训内容"要围绕培训目标设计,其中必须包含配置计划。

7.10　《项目配置项变更申请审批单》模板

7.10.1　模板

表 7-8　×××项目配置项变更申请审批单

变更编号:

1. 变更申请		
申请变更的配置项	输入名称、版本、日期等信息	
变更的内容及其理由		
估计配置项变更将对项目造成的影响		
变更申请人签字		
2. 审批变更申请		
CCB 审批意见	审批意见: CCB 负责人签字: 日期:	
批准变更的配置项	变更执行人	时间限制

(续表)

3. 变更配置项

变更后的配置项	重新评审结论	完成日期	责任人

4. 结束变更

CCB签字	CCB负责人签字 日期

7.10.2　模板说明

以下两点是对项目配置项变更申请审批单模板的说明,请对照7.10.1进行认知学习。

(1) 每次变更都应产生一个配置项变更申请单。

(2) 未经CCB审批通过的变更申请,配置管理员不得私自执行。

7.11　《项目配置审计》案例

7.11.1　《项目配置审计计划》案例

<table>
<tr><th colspan="2" align="center">×××项目配置审计计划</th></tr>
<tr><td>审计流程</td><td>识别配置审计的时间→指派审计者→定义审计范围→准备配置审计→通过评审、文档记录进行审计→识别不符合项→关闭不符合项→验证</td></tr>
<tr><td>审计时间</td><td>软件交付或 Release 时;每个阶段结束时;对于维护性项目,周期性地进行</td></tr>
</table>

7.11.2 《项目配置审计表》案例

×××项目配置审计表			
配置审计名称			
对应的基线名称			
配置审计计划时间			
配置审计实际时间			
配置审计人员			
	序号	审计内容	审计要点
基线审计	1	基线是否按照计划创建	参考《配置管理计划》,检查是否有该创建而没有创建的基线
	2	已经创建的基线配置项是否齐全、一致	基线对应的配置库中的配置项要与《基线计划》相符
	3	基线审批流程是否与计划相符	基线对应的配置库中的审批人要与《基线计划》相符
	4	基线是否稳定	是否有删除或者移动已经基线化的配置项的情况;是否有移动配置项基线的情况;是否有不经变更流程更改基线内容的情况
	5	基线对应的变更是否关闭	基线对应的变更是否关闭
功能审计	6	配置项命名审计	配置项命名是否符合规范
	7	配置库目录结构审计	配置库目录结构是否符合规范
	8	不恰当配置项审计	配置库中是否有不需要的配置项
	9	配置库权限审计	配置库权限是否正确
物理审计	10	配置服务器	CPU 占用、内存占用、硬盘占用、网络利用率
	11	备份服务器	CPU 占用、内存占用、硬盘占用、网络利用率
本次审计小结及以后的改进措施和建议			

7.12 《项目配置状态报告》模板

7.12.1 模板

表 7-9 ×××项目配置状态报告

报告人：		审核人：		报告日期：	
基础信息					
配置库名称		管理工具名称		配置管理员	
配置项记录					
配置项名称		正式发布日期	版本变化历史		作者
基线记录					
基线名称		版本	创建日期		包含的配置项
配置库备份记录					
批次	备份日期	备份内容	说明	备份到何处	责任人
配置项交付记录					
批次	交付日期	交付内容	说明	CCB 批示	接收人
配置库重要操作日志					
日期		人员		事件	

7.12.2　模板说明

以下两点是对项目配置状态报告模板的说明，请对照7.12.1进行认知学习。

（1）项目配置状态报告是配置管理员在项目过程中定期出具的针对配置管理库状态的检查结果报告。

（2）项目配置状态报告主要包括过程数据和状态数据，其中，过程数据包括检查动作的执行人、检查时间，以及检查本报告内容的审核人。状态数据的数据范围包括配置项记录、基线项记录、备份项记录、交付项记录和与配置库相关的重要操作的日志信息。

7.13　本章小结

本章主要列举了配置管理工作中涉及的主要文档、表格模板和案例，特别对关键内容和名词进行了详细说明，以便读者能够更深入、透彻地理解。

特别说明：本章所列举模板和案例是根据以往项目经验和工作积累而总结出的成功经验，并不一定适用于所有类型的项目场景。如用于具体项目，使用者应根据实际项目场景和工作要求，有针对性地选用和调整。

7.14　本章实训

请在本章中选择3～4个模板或案例，分别指出它们的优缺点，并针对其缺点提出改善意见，给出改善后的模板文件。

第8章 配置管理员岗位实训任务与操作案例

本章通过一个实训项目来训练大家的实践能力,为了让大家更好地掌握该岗位情况,将使用一个实际案例来展示配置管理员岗位的操作,使得大家进一步理解该岗位作业在实际项目中的应用。

8.1 配置管理员岗位实训任务

配置管理员岗位实训,应该与采取项目小组形式开展的岗位实训同步进行。本章实训任务描述只起示范作用,可根据实际小组实训项目进行描述。

8.1.1 实训名称

政府办公门户网站建设项目配置管理工作

8.1.2 实训场景

任务场景一

小李是个有三年工作经验的配置管理员,刚到 B 公司工作不到一个月。一天小李接到通知参加一个名为 iceman 的软件系统建设项目,该项目规模不大,是个常规政府的行政办公门户网站建设项目,但时间要求非常紧张,从启动到交付只有两个月的周期。

项目经理小王要求小李制定一份尽可能简单的配置管理要求,但合同规定的交付要求必须要予以保证,具体内容可参考任务书。

如果你是小李,你会怎样做呢?

任务场景二

参加该项目的项目组成员大都是技术能手,但其中一些跟小李一样刚入职不到一个月。因为时间原因,在项目启动初期,项目经理小王没有批准进行配置管理培训,要求小李加强配置审计,在过程中发现问题后再有针对性地解决问题。

如果你是小李,请针对本项目特点制定一份配置审计计划和配置审计单。

任务场景三

在 iceman 项目的配置审计过程中,小李发现由于项目组成员对配置目录结构不熟悉,文件乱存放的问题相当严重,与项目经理小王协商后,决定对项目组成员进行一次针对性的配置培训。

如果你是小李,请为该培训制定一份详细的培训计划。

8.1.3　实训任务

本实训的任务是制定出简单的项目配置管理计划、配置审计计划、配置审计单及对项目组成员的配置培训计划。

实训目的是强化配置管理员岗位的职责,熟悉配置管理员的基本工作流程,提升项目配置管理技能。

8.1.4　实训目标

知识目标:熟悉配置管理员岗位相关的知识点。

能力目标:灵活应用各类模板,制定出合理的配置管理方案,主要包括 CCB 成员和 CMO 成员计划、项目配置环境计划、文件目录使用权限管理计划、配置审计计划、基线计划、配置培训计划;在实际项目中实施配置管理的能力;项目结束后对实施情况进行分析总结的能力。

素质目标:良好的沟通技巧以及组织协调能力。

8.1.5　实训环境

本实训是针对政府办公门户网站建设项目进行的配置管理工作,因此,本实训的开展必须围绕着该项目的正式开发进行,其不能独立存在,必须依附于实际项目的开发,所以针对配置管理员岗位的实训最佳条件是在实际项目开发过程中同步进行。

8.1.6　实训实施

项目实施参考本书第 6 章配置管理员岗位作业指导书的内容进行,这里给出主要的任务步骤以便参考。

任务一:制定配置管理计划

主要包括:配置管理员、CCB 成员、配置管理环境、文件服务器环境的确定;配置管理存放地址即配置管理目录结构设计及权限设定;代码存放地址及访问权限的设置;基线管理计划、配置审计计划、配置培训计划的制定。

配置管理计划书模板请参见 8.2.3.1。

任务二:配置培训

对项目组成员进行配置培训,形成培训会议纪要。

会议纪要表请参见"品质保证"相关章节中会议纪要表模板。

任务三:配置审计

按配置计划要求按时进行配置审计,形成配置审计报告。

配置审计报告模板请参见 8.2.3.3。

8.1.7　实训汇报

（1）提交实训报告。

（2）提交软件岗位实训报告附件。

必选附件：配置管理计划、配置审计报告。

所有文档电子稿存档并上交；对于实训过程中产生的手写文档，需进行扫描或拍照形成 PDF 格式文档存档并上交。

8.1.8　实训参考

实施步骤参考：配置管理员岗位作业指导书。

实施文档参考：配置管理文档模板。

实训案例参考：配置管理员岗位操作案例。

实训报告参考：软件行业岗位实训报告模板。

8.2　配置管理员岗位操作案例

8.2.1　任务场景

小李是 A 公司的资深配置管理员，一天小李接到通知参加一个软件系统建设的项目，项目简称为 Miffy。项目经理小王告诉小李，该项目的客户是某国际知名大型快餐连锁企业，系统主要是针对现有连锁服务点的现场生产和销售环节的工作效率、销售量和库存量进行实时数据采集和数学分析，并将分析结果用于指导物流、生产和销售等环节。由于该企业的连锁服务店遍布全球，数量非常大，所以，初步预期该项目要求较高的技术能力，且需要强化测试，以保证项目整体质量。

8.2.2　任务目标

（1）小王交给小李项目任务书，要求小李尽快制定一份配置管理计划并建立配置库。计划内容应至少包括 CCB 成员和 CMO 成员计划、项目配置环境计划、文件目录使用权限管理计划、配置审计计划、基线计划、配置培训计划。

（2）针对本项目特点制定配置审计清单，并执行配置审计。

（3）申请基线，并记录基线计划执行情况。

（4）项目结束后，针对本项目的配置计划实施情况进行分析总结。

任务书如下所示：

项目任务书

项目编号	201203003 - B - CN - Miffy			
项目名称	快餐连锁产销辅助支持系统		项目名称英文简写	Miffy
客户名称	（略）			
立项日期	2012/3/26	开始日期　2012/2/13	结束日期	2013/3/31
项目经理	王成江	配置管理员　李丽	PPQA	蔡妮
项目概述	系统需求范围： 　1. 收集现场生产、销售、库存消耗的实时数据 　2. 分析上述数据,计算出将来 1～4 小时的生产效率、销售指数和库存补充量 工程阶段范围： 　1. 业务需求调研 　2. 系统分析和原型设计 　3. 架构设计和 POC 　4. 编码 　5. 内测和验收测试 　6. 系统部署和交付 交付成果范围： 　1. 需求规格说明书 　2. 系统设计原型 　3. POC 报告 　4. 源代码 　5. 验收测试报告 　6. 用户手册			
合同关键 约束	里程碑名称	开始时间	结束时间	交付/验收要求
	需求文档提交	2012/3/26	2012/9/4	需求规格说明书、系统设计原型
	工程资料	2012/4/26	2013/3/31	POC 报告、源代码、测试报告
	交付验收	2013/2/1	2013/3/31	用户手册

8.2.3　任务实施

8.2.3.1　制定计划

　　小李仔细阅读任务书后,迅速做出判断,该项目客户对项目管理过程的熟悉程度较高,应该会关注过程成果质量,因此,项目产物的配置管理工作必须做得更加细致、完善。同时,因为该项目对技术要求较高,项目经理小王建立了一支数量偏低但成员个体能力偏高的高精尖团队,每个团队成员都具备较丰富的专业知识,也能为相关专业的其他过程提供指导性建议。因此,小李认为在配置权限上,应该让全体项目组成员尽可能得到相关工作资料,以保证团队成员间工作的流程性支持工作互补模式。

　　小李将该想法与项目经理小王沟通,得到肯定后,制定配置管理计划如下：

配置管理计划

1. 配置管理员

人员	任务分派
李丽	配置标识、基线管理、配置审计、版本维护、版本发布

2. CCB 成员

成员	任务分派
王总、吴江二、魏一三、陶四、陈全。 CCB 负责人：王总	审批基线申请、审批配置审计

3. SVN 配置管理环境

仓库名	Miffy
配置仓库访问路径	http://run-svn/project/Miffy
文档模块	http://run-svn/project/Miffy/Miffy_doc
代码模块	http://run-svn/project/Miffy/Miffy_src

4. 文件服务器环境

服务器	wiki
权限控制	全员：读管理员：李丽，有读写权限
目录	http://sites/Miffy/default.aspx
登录方式	公司授权域账户登录

5. 配置管理存放地址

文档	一级目录	二级目录	三级目录	CCB	QA	PM	成员
与客户的来往记录（客户方）	01_Communication	01_From		读	读	读写	读
与客户的来往记录（项目方）		02_To		读	读	读写	
与客户的来往记录（组内）		03_Within Project		读	读写	读写	读写
产品管理（需求评审、问题记录）	02_ProductMng	01_Review	01_SRS[*1]	读写	读	读写	读写
产品管理—评审记录（设计评审、问题记录）			02_Design	读写	读	读写	读写
产品管理—评审记录（代码评审、问题记录）			04_CD[*2]	读写	读	读写	读写
产品管理—评审记录（测试评审、问题记录）			05_Test	读写	读	读写	读写
交付验收（维护相关文档）		02_Maintenance		读	读	读写	读写
交付验收（验收报告）		03_Acceptance		读	读	读写	读写
过程管理—计划（任务、计划和评审等）	03_ProcessMng	01_Plan		读	读	读写	读

（续表）

文档	一级目录	二级目录	三级目录	CCB	QA	PM	成员
过程管理—资源（组织、人员、设备等）		02_Resource		读	读	读写	读
过程管理—成本（预算和评审等）		03_Estimation		读	读	读写	读
过程管理—进度（里程碑报告、评审等）		04_Milestone		读	读	读写	读
过程管理—范围（需求变更）		05_Range		读	读	读写	读
过程管理—风险（问题风险）		06_RiskIssue		读写	读写	读写	读写
过程管理—报告（项目周报）		07_PMC	01_WeeklyReport	读	读	读写	读
过程管理—报告（项目总结）			02_EndSummary	读	读	读写	读
过程管理—记录（会议记录）		08_Record	01_Meeting	读	读	读写	读
环境说明文档（测试）	04_Environment	01_Test	三级按测试阶段分	读	读	读写	读
环境说明文档（数据库）		02_DB(*3)		读	读	读写	读
环境说明文档（Web）		03_WEB		读	读	读写	读
环境说明文档（开发）		04_CD		读	读	读写	读
质量保证（计划）	05_QA(*4)	01_PPQAPlan		读	读写	读	读
质量保证（度量）		02_MA(*5)		读	读写	读	读
质量保证（不一致问题）		03_NCReport		读	读写	读	读
质量保证（阶段报告）		04_PPQAReport		读	读写	读	读

6. 代码存放地址

模块	一级目录	二级目录	三级目录	CCB	QA	PM	成员
生产				读	读	读写	读写
销售				读	读	读写	读写
库存				读	读	读写	读写

7. 基线管理计划

#	基线名称	计划时间	基线配置项	审批人
1	M_Miffy_计划基线_YYYYMMDD	总体计划评审完	项目综合管理计划、预算表、配置管理计划、质量保证计划	PMO、项目经理
2	M_Miffy_需求基线_YYYYMMDD	需求评审完	需求规格说明书、系统设计原型	客户代表、CCB、PM

(续表)

#	基线名称	计划时间	基线配置项	审批人
3	M_Miffy_POC 基线_YYYYMMDD	POC 验证完	POC 报告	客户代表、技术经理
4	B_Miffy_发布基线_YYYYMMDD	软件上线发布	源代码、系统测试报告用户手册	技术经理、PM

8. 配置审计计划

日期	审查人	审计范围
2012 - 11 - 27	李丽	需求文档、QA 票、客户提供的资料、日报、评审票、计划等
2013 - 02 - 04	李丽	设计文档、POC 报告、QA 票、客户提供的资料、日报、评审记录、计划、签字页等
2013 - 05 - 16	李丽	源码、测试用例、测试报告、日报、评审记录、计划、缺陷记录、培训签到表、签字页等
2013 - 08 - 15	李丽	源码、测试用例、测试报告、日报、评审记录、计划、缺陷记录、培训签到表、签字页等

9. 配置培训计划

日期/课时	讲师	培训对象	培训内容
2012 - 3 - 27/2h	李丽	全体	配置管理计划内容及要求

8.2.3.2 配置培训

该计划很快就获得了批准,于是,小李精心准备了一堂精彩的配置管理培训课程,特别强调了本项目在配置管理上的特点:文件目录面向全体成员开放。特别提醒项目组成员要注意文件使用和存放时,检查目录文件对应关系。

8.2.3.3 配置审计

项目进行得很顺利,小李按照配置管理计划定期执行配置审计,为了检查得更细致,他特别在审计报告中增加了配置审计检查单的检查结果。

ABCDE—配置审计报告

审计者	李丽		审计日期	2012/11/27	
审计项的获取方式	审计项完整路径		审计项版本	备注	
	05 Deliverable/02 Store/20121127		345		
	05 Deliverable/02 Product/20121112		312		
	\Miffy\trunk\Miffy_doc		221	具体参见配置管理计划中的审计范围	
编号	物理配置审计			裁剪	备注
1	根据《配置管理计划》中配置项"目录结构"去检查配置库的目录结构是否正确			○	
2	根据《配置管理计划》中配置项的"文件命名规则"去检查各个配置项的命名是否符合规范			○	

（续表）

编号	物理配置审计	裁剪	备注
3	根据《配置管理计划》配置项中受控项的"工作产品清单"去检查受控项是否纳入配置库	○	
4	根据《配置管理计划》配置项中数据项的"工作产品清单"去检查数据项是否纳入配置库	○	
5	根据《配置管理计划》中"基线命名规则"检查基线目录的命名是否规范	○	
6	根据《配置管理计划》中"权限控制规则"检查配置项的权限设置是否正确	○	
7	根据《基线申请表》构成基线的"工作产品清单"去检查对应基线目录中该有的配置项是否都在目录中	○	
8	根据《基线申请表》构成基线的"工作产品清单"去检查基线目录中的配置项的版本是否正确	○	

编号	功能配置审计	裁剪	备注
1	根据《项目作业一览表》的开发功能一览表,检查所有需要设计的功能是否都已包含在设计基线的基线项中	○	
2	根据《项目作业一览表》的开发功能一览表,检查所有需要实现的功能是否都已包含在代码基线的基线项中	×	
3	根据《项目作业一览表》的开发功能一览表,比对《单元测试用例书》,检查代码基线的基线项中所有需要单元测试的功能是否都已执行单元测试	×	
4	根据《项目作业一览表》的开发功能一览表,比对《结合测试用例书》,检查代码基线的基线项中所有需要结合测试的功能是否都已执行结合测试	×	
5	根据缺陷管理系统(如 QAMS)或单元测试产品缺陷票,检查测试基线的基线项中所有需要关闭的 bug 是否都已关闭	×	
6	根据缺陷管理系统(如 QAMS)或结合测试产品缺陷票,检查测试基线的基线项中所有需要关闭的 bug 是否都已关闭	×	
7	根据《需求变更管理一览表》检查基线项中所有需要实施的变更是否都已实施	×	
8	根据《需求变更管理一览表》检查基线项中所有需要测试的变更是否都已测试	×	
9	评审票中的问题是否都得到了解决和确认	○	
10	QA 票中的问题是否得到了回答	○	
11	签到表是否已收回并妥善保管	○	
12	综合管理平台上计划的任务是否都已完成	○	
13	根据《提交文档列表》检查提交物基线的基线项中所有需要提交的资料是否齐备	○	
14	根据《交货管理表》检查提交物基线的基线项中所有需要提交的资料是否满足提交条件和完成标准	○	
15	检查提交物基线的基线项中用户手册的描述和实际系统是否一致	○	

审计结果
1. 物理审计中审计了 8 个配置项,其中 0 个配置项有问题,详见物理审计问题清单。 2. 功能审计中审计了 8 个基线项,其中 0 个基线项有问题,详见功能审计问题清单。

CCB 审核	王总:确认通过配置审计

8.2.3.4 基线申请

项目进行得很顺利,小李的基线计划的实施与计划基本同步,直到项目交付完成,小李记录了每个基线的执行跟踪记录,以下是基线管理表和其中一份基线申请表。

ABCDE—基线管理表

基线库目录	申请人	申请日期	申请原因	基线审批			基线建立		
				审批人	审批时间	审批结果	建立人	建立日期	建立状态
Miffy/Baseline/M_Miffy_计划基线_20120326	李丽	2012/3/26	计划已评审通过	王总	2012/3/26	通过	李丽	2012/3/26	已建立
Miffy/Baseline/M_Miffy_需求基线_20120730	李丽	2012/7/30	需求部分,客户已经评审通过	王总	2012/7/30	通过	李丽	2012/7/30	已建立
Miffy/Baseline/M_Miffy_POC基线_20121230	李丽	2012/12/30	POC部分,客户已评审通过	王总	2012/12/30	通过	李丽	2012/12/30	已建立
Miffy/Baseline/B_Miffy_发布基线_20130330	李丽	2013/3/30	验收测试通过	王总	2013/3/30	通过	李丽	2013/3/30	已建立

Miffy 基线申请表

1. 基线申请							
基线库目录	\Miffy\tags\M-Miffy—交付_20130330	基线名称	系统交付	申请人	张一	申请日期	2013/3/30
申请原因	提交 UT 版本						

2. 基线审批					
审批人	王总	审批日期	2013/3/30	审批结果	通过

3. 基线建立					
建立人	李丽	建立日期	2013/3/30	建立状态	已建立

4. 基线项状态报告				
	完整路径	产物文件名	版本号	状态
基线产物清单	\Miffy\tags\M - Miffy—交付_20130330	源代码	304	—
	\Miffy\tags\M - Miffy—交付_20130330	测试报告	304	—
	\Miffy\tags\M - Miffy—交付_20130330	用户使用手册	304	—

基线发布通知邮件

Miffy 项目组各位：

大家辛苦了！

现需求分析已结束，并通过 CCB 审核生成基线，特此通知。

注：基线目录为：\Miffy\Baseline\M_Miffy_需求基线_20120730，具体内容详见《基线申请表》。

以上，谢谢！

李丽
2012/7/30

第 3 篇

品质保证员岗位参考指南与实训

第 9 章 品质保证员岗位概述

9.1 品质保证

品质保证又称质量保证（QUALITY ASSURANCE，简称 QA），在 ISO8402：1994 中，品质保证的定义是："为了提供足够的信任表明实体能够满足品质要求，而在品质管理体系中实施并根据需要进行证实的全部有计划和有系统的活动"。从该定义中可以看出，品质保证是一个动态的过程，其贯穿于所需进行质量监控的整个过程中，可以保证所生产的产品的质量符合统一要求。

不同的行业，只要最终有产品产生，一般均需要对其产品进行品质保证，以确保产品质量。当然，不同的行业、企业对品质保证的要求、过程、标准都不完全一样，各有特色。

对于软件行业而言，QA 具有特定含义，一些软件/信息化标准中，QA 的定义为："质量保证是指为使软件产品符合规定需求所进行的一系列有计划的必要工作。"GB/T 11457 - 1995 软件工程术语中的定义为："为使某项目或产品符合已建立的技术需求提供足够的置信度，而必须采取的有计划和有系统的全部动作的模式。"不论哪种定义，都强调了有计划、有系统这两个主要的特征，这说明品质保证工作必须是事先计划好的，对整个过程有规范的一个管理过程，不是盲目、随心所欲的。

9.2 品质保证员岗位

品质保证员是承担品质保证工作的人员，简称 QA 人员。

9.2.1 品质保证员岗位设置

品质保证员是进行品质保证工作的人员的统称，在实际项目开展中，根据其职责的不同还可以细分为：品质保证经理（组长）、品质保证组员（质保工程师、材料管理员、支持服务员）等岗位，其岗位结构设置如图 9-1 所示。

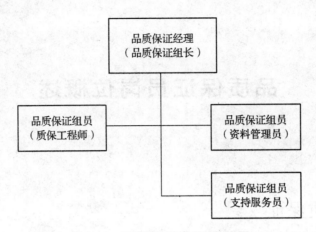

图 9-1 品质保证员岗位结构设置

一般情况下品质保证员岗位可按图 9-1 所示内容进行设置,但并不是每个品质保证组均要含有上述四类品质保证人员,可根据具体项目进行改变。

9.2.2 品质保证员岗位职责

品质保证员岗位不是一个人就可以完全胜任的,实际上是一个团队、多人合作共同来完成与品质保证相关的工作,通常将其称为"品质保证组",而组中不同人员具有不同的岗位职责。

1. 品质保证经理(品质保证组长)

品质保证经理是品质保证部门的核心领导、第一责任人,其主要职责如下:
(1)组织建立项目品质保证管理体系;
(2)组织编制、审核品质保证计划书;
(3)组织编制、审核品质保证工作所需的各类项目文档、表格、模板;
(4)主持品质保证部门的日常工作,负责小组成员工作任务的分配;
(5)组织落实和监督品质保证相关工作任务的完成;
(6)组织审核所采用的品质保证工具、技术和方法;
(7)监督各类项目评审会议的召开及流程的规范化;
(8)组织汇总、维护和保存有关品质保证活动的各项记录;

（9）组织客户满意度调查；

（10）负责与项目经理进行沟通，及时反馈与品质保证相关的情况，以帮助项目组保质、保量、按期完成任务；

（11）组织对全体项目组成员进行质量保证教育和培训。

2．品质保证组员（质保工程师）

质保工程师是进行品质保证活动的主要执行者，是品质保证经理组织开展各项品质保证工作的主要支持者和维护者，其主要职责如下：

（1）参与编制品质保证计划书；

（2）参与编制品质保证工作所需的各类项目文档、表格、模板；

（3）按品质保证经理布置任务完成品质保证部门的日常工作；

（4）根据不同项目的要求确定所采用的品质保证工具、技术和方法；

（5）实际组织召开各类项目评审会议；

（6）完成品质保证活动的各项内容的记录；

（7）向品质保证经理汇报品质保证工作完成情况、存在问题，同时可寻求帮助；

（8）参与对全体项目组成员质量保证教育和培训。

3．品质保证组员（资料管理员）

资料管理员是对品质保证过程中各类资料（软件、硬件）进行管理的专业人员，可由质保工程师兼任，其主要职责如下：

（1）负责品质保证相关的文件的统一接收、分发、登记和归档管理；

（2）负责各类纸制文档的扫描处理工作；

（3）负责品质保证教育和培训相关资料的管理；

（4）负责办公用品的保管、借阅和发放控制；

（5）负责与品质保证相关的数据的收集、录入、维护、整理和归档。

4．品质保证组员（支持服务员）

支持服务员是为品质保证工作提供支持和后勤保障工作的人员，可由资料管理员兼任，其主要职责如下：

（1）为品质保证工作提供各类设备支持，包括计算机、投影仪、扫描仪等硬件设备的提供。

（2）负责品质保证工作开展过程中的后勤保障工作，包括会场的申请、布置，就餐安排等工作。

9.2.3　品质保证员岗位资格要求

不同行业的品质保证员岗位，对从业人员的任职资格有不同的要求，软件行业也有符合自身行业特点的任职资格要求，对于品质保证员中不同岗位的资格要求亦不同。

1. 品质保证经理（品质保证组长）

（1）熟悉软件工程和项目管理，精通某项（软件行业）质量项目管理体系（例如：CMM、ISO9000、PMP 等）；

（2）具有较强的综合分析能力、具有项目管理、培训、总结能力；

（3）具备多年项目管理或 QA 工作经验（一般三年以上）；

（4）具备多年软件开发经验（一般三年以上）；

（5）熟悉测试驱动思想、精通测试用例设计，熟练掌握主流的测试工具；

（6）具备较强的组织领导、沟通能力。

2. 质保工程师

（1）具备良好的软件行业品质保证管理体系知识；

（2）熟悉软件行业品质保证管理规范流程；

（3）具有良好的执行能力，即解决问题的能力；

（4）具备一年的软件开发经验；

（5）具备良好的软件各类文档撰写能力；

（6）具备良好的沟通能力。

3. 资料管理员

（1）具备良好的数据处理能力，包括收集、录入、汇总、维护、分析等方面；

（2）具备文档管理能力；

（3）熟悉品质保证工作的工作流程及对数据的需求；

（4）熟悉一定的办公设备的使用方法；

（5）具备良好的沟通能力。

4. 服务支持员

（1）熟练掌握软件行业常用硬件和一般办公设备（计算机、投影仪、打印机、照相机等）的使用、维护、保管方法；

（2）熟悉品质保证工作过程中后勤保障操作流程；

（3）具有较强的为他人服务的意识，乐于服务；

（4）具备良好的沟通能力。

9.3　本章小结

本章对品质保证工作进行了概述，主要说明了品质保证的定义，重点描述了软件行业品质保证员岗位的具体设置、每个岗位的职责和任职资格。对于从事软件行业品质保证员岗位工作的人员起到一个指导的作用。

下一章，将就软件行业中品质保证员岗位的作业规范进行详细讲解。

9.4　本章实训

1. 分析品质保证经理与质保工程师的区别。

2. 根据本章给出的知识点,分析你自身的特点和能力,说明你能够承担哪类品质保证员岗位工作。

3. 小张原为 A 公司的质保工程师,已经在 A 公司从事品质保证工作五年。目前,B 公司要招聘一名新的品质保证经理,小张为得到更好的发展参加了 B 公司的招聘活动,经过面试 B 公司决定聘请小张为公司的新品质保证经理。接下来小张要为组建品质保证组进行新人员的招聘,如果你是小张,你将如何组建公司的品质保证小组,小组成员包括哪些人员,这些人员需具备怎样的能力,分别负责完成哪些工作?

第 *10* 章　品质保证员岗位作业指导书

10.1　概述

软件行业品质保证员进行工作并不是杂乱无章的,需要按照该岗位作业指导书的要求开展相关工作。

10.1.1　定义

1. 作业指导书

同"第二章　项目经理岗位作业指导书"中的定义。

2. 品质保证员岗位作业指导书

品质保证员岗位作业指导书是指导品质保证员进行各项作业的规范流程,其给出了品质保证员在某项目开展过程中所需要承担的职责和需要完成的任务。

软件行业品质保证员岗位作业指导书就是指导软件行业品质保证员开展品质保证的指导规范,其中明确了软件品质保证员在软件开展过程中的工作流程、职责和需要完成的各类任务。

10.1.2　作用

品质保证员岗位作业指导书是指导保证过程质量的最基础的文件,为开展纯技术性质量活动提供指导,它是质量体系程序文件的支持性文件。

10.2　品质保证员岗位作业指导书的结构

不同行业都拥有适应于自身行业的品质保证员岗位职责及工作流程,其作业指导书所描述和涉及的内容也各不相同,软件行业品质保证员岗位也有具有自身特点的职责及工作流程,其作业指导书的内容结构大致由三部分组成:

（1）输入：主要描述软件品质保证工作的准备资料，即软件品质保证工作的准入条件和依据，软件品质保证员需要根据这些给定的依据来确定工作的内容和流程；

（2）工作流图：是软件品质保证工作的流程，以图形方式给出，并对每一步给出具体操作的指导和说明，让软件品质保证员明确每个阶段和每个步骤需要完成的事情及在项目过程中所起的作用；

（3）输出：描述品质保证工作最终产生的成果物，即最终需要存档的文字、图片、视频等信息资料。

10.3 品质保证员岗位作业指导书的内容

软件行业品质保证员岗位作业指导书是软件行业品质保证员的工作规范，对软件行业品质保证员的工作起指导性作用，因此，其涵盖了软件行业品质保证员在项目开展过程中的所有活动。主要包括输入、工作流图和输出三个部分内容。

10.3.1 输入

输入是软件行业品质保证员岗位作业指导书的第一部分，它主要给出了软件行业品质保证员在进行品质保证工作前的准入条件和依据，即所需要的与项目有关的资料信息。品质保证员必须根据这些资料提供的内容或要求来完成以后的各项内容。

对于软件行业品质保证员岗位而言，其工作的依据资料主要包括：

（1）项目计划书：对项目完成的任务的各方面内容的描述性文档。软件行业品质保证员岗位的主要目的是保证项目按时、保质、保量完成。因此，在进行品质保证工作时，一定要遵循项目计划书的要求。因为项目计划书中给出了项目各阶段时间、工作量、效果要求的划分，只有依据项目计划书进行品质保证，才能保证项目最终成果不会产生偏差，才能达到最终效果。

（2）项目配置管理计划书：其中涉及的内容是对整个项目开发过程中各项配置信息的管理，例如：项目所涉及人员信息、项目配置管理环境、配置库的目录结构、配置培训、跟踪和管理变更信息等。这些内容都会影响品质保证工作，因为品质保证工作需要针对这类工作进行监督、检查，而该类工作是否正确完成，其检查依据就是项目配置管理计划书。

因此，在进行品质保证工作前，上述两类文件必须已经具备且已经完善。

10.3.2 工作流图

工作流图是品质保证员岗位作业指导书的第二部分，也是关键核心步骤，它是对品质保证工作过程的一个描述，给出了品质保证工作流图、品质保证工作步骤的简要描述以及工作步骤的指导说明，具体说明软件行业品质保证员在项目开展过程中所需要做的事情和如何做好这些事情。

10.3.2.1　品质保证工作流图

软件行业品质保证员的工作主要是保障项目团队按时、保质、保量地完成项目目标,保证所交付的成果满足项目的要求,很好地完成项目计划书的要求,项目开展过程中遵循项目配置管理计划的要求,其工作流图如图 10－1 所示。

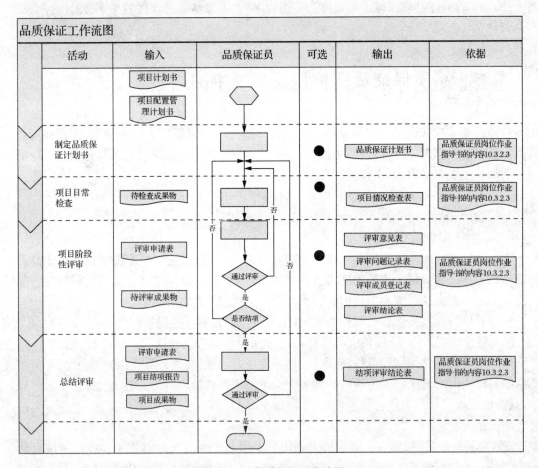

图 10－1　品质保证工作流图

从图 10－1 可以看出,软件行业品质保证员主要需要完成的工作包括:制定品质保证计划书、项目日常检查、组织项目阶段性评审、组织总结评审等几项工作。

(1) 制定品质保证计划书:品质保证员根据项目计划书和项目配置管理计划书,制定品质保证计划书,制定方式将在下面10.3.2.3节中进行介绍;

(2) 项目日常检查:在项目开展过程中,对各类成果物(包括中间成果物)进行日常检查,并填写"项目情况检查表";

(3) 项目阶段性评审:项目组成员完成一个成果物后,必须向品质保证组提出评审申请,品质保证员对其当前完成的成果物组织评审会议并对其进行评审,评审结束后,需要产生"评审意见表""评审问题记录表""评审成员登记表"和"评审结论表",若评审未通过,则项目组成员回到日常工作状态继续完善或修改其成果,等待进行下一次评审,若评审通过,

则看是否可以结项,若尚无法结项,则同样回到日常工作状态继续进行下一项工作,若可以结项,则进入下一阶段;

(4)总结评审:当项目全部完成,可以结项时,品质保证员则组织结项评审会,会议过程和输出与"阶段性评审"完全一样,只是该阶段完成意味着项目全部结束,品质保证员需对所有相关资料进行整理、归档,随后所有品质保证工作结束。

上述四项工作只是对品质保证工作做了一个粗略的划分,其中的第二项和第三项工作是要重复多次进行的,而实际上任何一个项目在开展的过程中,品质保证工作是贯穿于其中的,甚至是先于其他活动的。因为品质保证的目的是保证项目正常、有序、高质量地完成,因此,在项目其他活动开始前,所有有关质量方面的问题都必须事先明确,即必须先有规范,其后小组成员才能按规范进行操作,项目的质量才能得以保证。因此,在实际操作过程中,在制定项目品质保证计划书之前,必须首先成立品质保证组,即同一个项目中品质保证员可能不止一个。品质保证组要事先召开品质保证工作会议,讨论针对项目的品保要求,根据品质保证会议的精神制定品质保证计划书。上述品质保证工作流图将召开品质保证工作会议纳入了"制定品质保证计划书"这一步骤中,在后面有关工作步骤描述和工作步骤指导内会明确地描述。

10.3.2.2　品质保证工作步骤描述

见表 10-1 所示给出了 10.3.2.1 节中所涉及的四个阶段工作步骤的简单描述。这里将角色统称为品质保证员,并未做岗位的细分。

表 10-1　品质保证工作步骤描述

步骤名称	步骤描述	角色
制定品质保证计划书	项目开展之初,需召开项目品质保证工作会议,根据项目的特点及要求制定相应的品保要求; 根据品质保证会议精神由品质保证组制定完整的符合本项目要求的项目品质保证计划书,按类别制定同一类别文档的统一书写模板;制定出文档内部各项内容书写的格式要求;制定出品质保证过程中所需的各种文档或表格模板(如检查情况表、评审意见表等);根据项目的实际情况,计算出本项目的缺陷率并检查项目是否符合缺陷率要求	品质保证员
项目日常检查	检查项目任务的完成情况;上一阶段评审后所出现问题的监控	品质保证员
项目阶段性评审	对某一子项目完成或达到某一里程碑时,召开项目评审会议以检查项目完成情况	品质保证员
总结评审	项目全部完成时验收项目,对该项目进行评审,得出结项结论	品质保证员

10.3.2.3　品质保证工作步骤指导说明

本节描述了上述品质保证四项工作开展的指导思路,可根据下方的说明开展具体的工作。

1. 制定品质保证计划书工作指导

（1）制定品质保证计划书的目的和内容

制定品质保证计划书的目的在于对所开发的软件项目规定各种重要的品质保证措施，以保证项目团队按时、保质、保量地完成项目目标，保证所交付的成果满足项目的要求，很好地完成项目计划书的要求。因此，以文件的形式将项目的品质保证管理机构、任务、职责、检查和评审的方式或方法、软件的配置管理、品质保证所需的工具、技术和方法、品质保证过程及结果的记录、保存与维护等方面的内容加以确定。以此作为项目团队成员以及项目相关人员之间的共识与约定，保证项目有序、保质、保量地完成。品质保证计划书中所涉及的内容主要包括以下几个方面：

① 目录；

② 引言：主要包括编写该项目品质保证计划书的目的、定义和参考资料等内容，是对整个计划书的总体概括；

③ 管理：主要描述品质保证机构、任务和职责等内容，说明品质保证小组的组成，每个成员的职责和需要完成的工作任务；

④ 标准、条例和约定：主要描述文档书写格式约定、各种品保文档或表格、项目缺陷率等方面内容来说明品质保证计划书及项目其他文档需遵循的规范；

⑤ 检查和评审：主要描述品质保证工作的核心内容，如何进行品质保证，主要包括日常检查、×××阶段×××文档评审和项目监控等；

⑥ 软件配置管理：主要描述项目需遵循的配置管理要求；

⑦ 工具、技术和方法：主要描述项目开展过程中所需使用的各类工具、技术和方法；

⑧ 记录收集、维护和保存：主要描述本项目各类文档、数据、资料的收集、维护和保存方式、手段、时间等内容；

⑨ 附录：主要列举出涉及的所有文档资料的名称，并为其建立超链接，以方便使用者直接获取相关文档内容。

一般的品质保证计划书可按上述格式进行撰写，当然，针对不同项目的品质保证计划书，其涵盖的内容可以不完全相同，但上述条目一般均应包括在内。

（2）制定品质保证计划书工作流图

品质保证计划书是进行品质保证的基础，该计划书可以帮助品质保证员按要求进行品质保证工作，对品质保证员的品质保证工作起到指导和规范的作用，因此，制定品质保证计划书是十分重要的一步，好的品质保证计划书可以保证品质保证工作正常、有序地进行。需要注意的是，制定品质保证计划书并非一个单一的过程，而是由多个步骤组成的，制定品质保证计划书的工作流图如图 10-2 所示。

由图 10-2 可以看出，在进行品质保证计划书制定之前，需要做的准备工作包括：召开品质保证工作会议、文档书写的格式约定、确定项目中所要撰写的文档模板、各类品质保证工作所需的文档模板、确定项目的缺陷率。只有这些准备工作都完成后，才能开始按要求撰写品质保证计划书，同时，品质保证计划书完成后，需要对其质量进行评估，即对品质保证计划书本身要进行品质保证，一般均采用评审方式对计划书本身进行评估，提供修改意见。一旦评审通过，该品质保证计划书便将在整个项目进行过程中起到品质保证的作用，一切品质保证工作均按该计划书的要求实施。

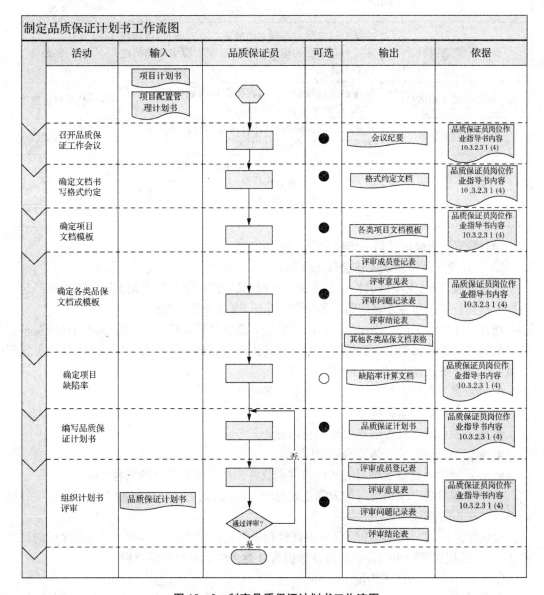

图 10-2　制定品质保证计划书工作流图

（3）制定品质保证计划书工作步骤描述（见表 10-2 所示）

表 10-2　制定品质保证计划书工作步骤描述

步骤名称	步骤描述	角色
召开项目品质保证工作会议	项目之初召开,根据项目的特点及要求制定相应的品保要求	品质保证员
确定文档书写格式约定	确定文档内部各项内容书写的格式要求,主要包括字体、字号、颜色、标题格式、图表格式等	品质保证员

（续表）

步骤名称	步骤描述	角色
确定项目文档模板	按类别确定同一类别文档的统一书写模板,该模板主要包括文档的组织架构和每项内容大体的描述内容和作用	品质保证员
确定各类品保文档或模板	确定品保过程中所需的各类文档或表格模板(如周报表、评审意见表、评审结论表等)	品质保证员
确定项目缺陷率	根据项目的实际情况,计算出本项目的缺陷率并检查项目是否符合缺陷率要求	品质保证员
编写品质保证计划书	制定完整的符合本项目要求的项目品质保证计划书,将上述各内容纳入其中	品质保证员
组织计划书评审	组织召开品质保证计划书评审会,对品质保证计划书进行评审	品质保证员、评审员

（4）制定品质保证计划书步骤指导说明

① 召开项目品质保证工作会议工作指导

项目开展之初,由项目组指定品质保证经理(品质保证组长),品质保证经理根据经验和以往项目进行情况和各人表现组建品质保证小组,准备开展工作。

项目品质保证工作会议在品质保证小组成立之后召开,项目全体成员参与,目的是根据项目的特点及要求讨论出本项目品质保证的具体要求,日常要完成的工作以及最终要达到的目的。其主要工作内容包括以下几个方面:

● 确定品质保证小组成员的组成及各自的分工;

● 确定各项目的里程碑点;

● 确定项目日常检查的频度和检查内容;

● 确定项目评审的大体流程和频度;

● 确定整个项目需要撰写的文档的类别及各文档大体要包含的内容;

● 确定项目各项文档撰写的大致格式规则,具体的或更加详细的格式规则可在项目进行的过程中不断修订。

会议结束后,产生会议纪要,品质保证经理根据会议纪要总结归纳项目品质保证的具体要求,带领品质保证小组的各位成员开始撰写各类文档模板和品保资料。

② 确定文档书写格式约定工作指导

品质保证工作会议召开后,品质保证组需要根据品质保证工作会议的精神或要求,进行品质保证要求的详细设计和制定。在此期间会产生大量的文档,这将涉及一个问题,即文档的书写格式要求。由于项目的开发不是一两个人就可以完成的,它是由大量的人员共同合作来完成的,这就可能导致不同人员所撰写的同一类型文档或不同文档的格式不一致,但在同一项目过程中,只有保证每个人员所写文档的书写格式相一致,才能保证项目文档的可读性和清晰性。如果一人一个样就会使文档显得非常凌乱,不便于本项目其他人员或其他项目的人员对本项目文档进行阅读和学习,所以,必须要制定文档书写格式约定,以保证所有文档保持一致的格式风格。同一类型的文档格式要一致,但不同类型的文档格式可稍有变化,需要确定每一类型的文档的基本格式,一般情况下,采用公司或企业已有的文档书写格式进行相关文档的书写,若公司或企业没有合适的或没有指定书写格式要求,项目组可根据

项目情况自行制定格式要求,主要包括以下几个方面:
- 文档标题页的命名格式;
- 文档内部标题的编码规则,以及文档内容编码规则;
- 标题、正文、数字的字体、字号、间距、颜色的要求;
- 表格的要求;
- 通用字符的使用规则;
- 文档的底纹要求;
- 文档中图形的要求;
- 页眉页脚的要求;
- 文档中所涉及的日期的书写格式要求;
- 流程图和用例图或其他所涉及图形的要求(一般是由项目组负责人给出模板,品质保证人员将其纳入品保要求中,并据此在以后的工作中进行检查);
- 文档所涉及的英文名词和术语表的要求;
- 文档的命名规则;
- 文档的归档目录架构。

以上是其中主要的一些需要给出约定的地方,由于项目和对项目文档的要求不完全相同,必然导致不同项目的文档书写格式要求也不完全相同,因此,可在上述给定的各个方面的基础之上做适当的增、删、改操作,以期达到某项目的实际要求。

注意啦!

同一项目中的文档对于格式方面的约定必须一致。不同项目可有所不同。

说明　这里的一致是指格式上的一致,不是要求文档模板类型、结构、内容完全一样,通常情况下,模板类型、结构一致的要求是对同一类型文档而言的,不同类型不需硬性要求。

例 10-1　某一项目的需求分析说明书和详细设计说明书两类文档,其模板样式、结构和内容不可能完全一样,但其对字体、字号、颜色、间距、图表设置、表格设置等格式方面的要求是必须一致的。

③ 确定项目文档模板工作指导

一旦确定好了文档格式约定,项目组成员可以根据约定进行相关文档的撰写工作。为了保证项目中所涉及的和需要编写的文档能够统一风格,保证质量达到统一的标准,必须为每类文档确定文档模板。一般情况下,可从公司或企业已有的文档模板中选出本项目所需的项目文档模板,同一类型的文档使用相同的文档模板,可使文档显得整齐划一、清晰明了。若公司或企业中没有合适的文档模板,则需要品质保证组自行制定项目文档模板。在该项目结束后有效的、有共通性的项目文档模板将被公司或企业保留,以提供给其他项目组在进行相似项目开发时使用,这将使资源得到有效共享,提高效率的同时,也节约了成本。项目中需要确定的文档模板主要有以下几种:

- 各类主文档模板:项目中所涉及的主要类型的文档模板,根据项目的不同,也呈现不同的情况;
- 各类附件文档模板:为了说明主文档中所涉及的某些概念、操作流程、所需的补充说明材料等方面内容的文档,是对主文档内容的有力补充,其数量的多少、涉及的内容范围由主文档确定;
- 各类图形/表格模板:主文档/附件文档中所绘制的各类图形/表格模板,必须统一风格。

注意啦!

这里所提的项目文档是指与所进行项目相关的需要产生的文档,不同项目其文档类型是不一样的,需要根据具体的情况确定。

例10-2 进行一个软件项目开发时,可能产生的文档主要包括:需求分析说明书、概要设计说明书、详细设计说明书、测试计划书、测试用例、部署计划书、用户培训计划等文档。

例10-3 进行某项方案制定时,可能产生的文档主要包括:×××方案、××××实施方案、×××指南等文档。

因此,不同的项目所要制定的文档模板是不一样的,必须根据实际要求进行制定,而制定的该类型的文档模板也需要进行评审,得到全项目组成员的认可。因此,品质保证组在制定该类型模板时,要不断地与项目组成员、客户等进行有效的沟通,了解其要求、习惯和项目要达到的最终目标,才能更好地完成文档模板的制定,并保证这些制定好的模板能够满足项目的需求,达到最终的目的与要求。

④ 确定各类品保文档或模板工作指导

前面,我们提到品质保证工作会贯穿于项目进行的整个过程,品质保证的目的是保障项目正常、顺利地完成,其主要的任务是根据本项目的情况,制定各种相关规定及对项目的开展过程进行必要的监控。而对项目进行相关监控时,必然要将监控的结果记录下来,以方便随时查阅,从而得到项目目前的进展状况、下一步的发展趋势、今后的工作内容等重要信息,进一步保障项目的完成。这就需要确定大量的,用于保存相关资料的文档和模板,这类资料我们称为品质保证文档和品质保证模板,一般从公司或企业现有的品保文档或模板中选取适合本项目的即可,若公司或企业中没有,则需要自行制定相关文档或模板,这类文档或模板主要包括以下几种:

a. 日报表:用于记录每一个项目参与者每天的工作计划、工作完成情况、存在的问题,以及是否需要外部的帮助等有关信息。

b. 周报表:用于记录每一个项目参与者一周的工作完成情况、存在的问题,以及是否需要外部的帮助等有关信息,即记录一周工作的一个小结,从中发现相关问题,为下一步工作完成提供依据。

c. 月报表:用于记录每一个项目参与者一月的工作完成情况、存在的问题,以及是否需要外部的帮助等有关信息,即记录一月工作的一个总结,从中发现相关问题,为下一步工作完成提供依据。

上述三张表属于项目组成员日常工作情况记录表,由项目组的每位成员定期进行填写,项目经理可根据每位成员所填写的工作情况记录表来掌握项目进展和完成情况,可有效地控制项目进度,进一步确保项目的完成。每个项目组根据具体情况和要求,可选择其中的一种或多种方式进行实际执行。日报表时间过细,可能导致成员每天疲于填写表格内容而忽略实际工作的开展,月报表则间隔时间过长,不利于工作总结、汇报和查找问题及问题的及时解决。因此,通常情况下以周报表为宜,而月报表一般是由项目经理进行填写,主要目的是总结一个月的工作情况、遇到的问题、问题是否已被解决(若未解决将在今后如何处理)、下一月工作计划等内容,起到对整个项目组的上一阶段工作小结和下一阶段工作布置的作用,有利于项目的完成。

d. 项目检查情况表:用于记录品质保证组随机、不定时抽查项目组成员完成的某项工作情况、进展、存在的问题、问题存在的原因、一定的指导意见、检查结论,同时记录下检查结果的反馈情况。

该表主要是起到一个监督的作用,由第三方来确认项目组成员工作的完成情况,这在企业中也起到了工作评价的作用,可以通过该类检查来明确每一个项目组成员完成工作的情况,例如:所完成的工作数量、质量、花费的精力等,以此明确每个项目组成员可获得的劳动报酬。

e. 会议纪要表:项目开展过程中,整个项目组或子项目组可能会召开各类会议,在会议期间需填写会议纪要表,用以记录会议的召开地点、时间、主要内容、存在问题等情况。

会议纪要表通常是包含前一阶段工作完成的小结、解决问题的方法、下一阶段工作的重点、工作完成负责人等内容的描述性文档。

f. 评审申请表:整个项目进行过程中会产生各类成果物,每个成果物均需要进行评审,只有评审通过的成果物,才能作为项目的正式成果最终进行发布或部署,而每个成果物产生的时间是不一致的,因此,采取产生一个成果物即评审一个的方式进行。品质保证组虽然是负责整个项目产品质量的机构,但其不可能时刻关注到哪个成果产生、是否可以评审,以及是否需要评审,因此,这就需要由成果物的产出者即作者、开发者向品质保证组提交评审申请,评审申请表即申请评审时所需填写的书面资料,主要包括成果物名称、申请人、申请时间、拟评审时间、推荐的评审员名单、成果物的主要完成情况等内容。

会议纪要表由会议的组织者进行填写。

g. 评审意见表:用于记录正式评审(审查)前,每个参与评审的评审员(审查员)对于待评审成果物(包括文档、软件代码或其他形式成果)存在的问题的描述。

评审意见表一定是在评审前,由品质保证组下发所有参与评审的评审员,评审员必须在指定的时间点前,将意见表反馈给品质保证组,以保证评审后续工作的开展。

h. 评审成员登记表:用于记录参与评审工作的所有成员名单,内容要包括成员姓名、职称、工作单位,并要求每位参与者签字。

该表在评审前由品质保证组最终制定好,表中涉及评审员的"工作单位",说明评审员不一定全是项目组所在单位的人员,可以是外单位的专家、高校专家、相关领域专家、客户代表。一般情况下,要求客户代表必须列席参加,这样可以使项目最终成果更接近或更符合客户需求,使项目的成功率提高。

评审成员登记表要求每个评审员亲自签名,以确保评审的真实有效性,提高评审结论的可信度。

i. 评审问题记录表：用于记录在正式召开评审会议时所出现的问题，包括两方面，一是评审会议之前，各评审员所给评审意见表中的问题；二是评审会议中发现的新问题。在问题记录表中，要给出问题的内容、提出者、问题的类型、谁解决、什么时间解决及具体解决问题所花费的时间。其中"解决问题所花费的时间"应是相关人员解决问题所花费的实际工时数。因此，该项数据应在解决问题之后填写，而不是在评审当天填写，若当天填写，则只能是估算值。

评审问题记录表的填写必须由品质保证组成员完成，该表的内容要真实、准确，因为表中存在的最终问题是计算、评价项目缺陷率的一个重要指标。

j. 评审检查点列表：包括品质保证检查点列表和技术检查点列表两种，用于记录在进行各子项目评审工作时，具体需要检查的内容。其检查的内容亦分为两大类，一是项目文档格式方面的，看是否符合品质保证中的各项要求；二是项目技术方面的，看是否符合项目本身的技术要求和是否实现了相关功能。

品质保证检查点列表一般由品质保证组提供，对于整个项目而言，该检查点列表的内容基本相同；技术检查点列表由评审员、客户、项目经理提供，根据不同成果物其检查点不完全一样，或完全不一样。

k. 评审结论表：用于记录评审项目完成的情况、存在的问题、评审的意见和评审结论，要求最终评审小组组长要在评审结论表上签字。

　　该表是针对成果物的一次评审情况给出相关结论，不管成果物是否通过评审，均要给出结论，评审意见可事先明确指定种类，也可手动写入，评审结论一般分为三种：通过、不通过、未评审结束，其中的"未评审结束"是指该次评审的成果物内容过多、过于复杂，一次评审会议无法将其全部评审完毕，需要另找时间继续评审的情况，因为一般要求对同一成果物的一次评审时间不宜超过两小时。

上述与"评审"相关的表格在项目组进行日常工作的过程中并不涉及，只有在进行成果物评审时，才由品质保证组成员组织处理，而"评审"是一个正式的、复杂的过程，其必须规范才能保证评审本身的质量达到要求，因此，品质保证组在项目开始时，需要将评审流程进行规定和明确并通报整个项目组，并

注意啦！

评审结论表最终需要评审组长亲笔签字，以确定其真实有效。

保证每次的评审均按要求进行。因此，将评审流程文档化是必不可少的。

l. 评审流程：该文档主要描述评审工作的整个流程，主要包括评审前、评审期间、评审后所需要完成的工作、准备的资料、各阶段的时间节点及要求等内容。

不同项目根据项目要求选取上述所有或部分内容进行监控，亦可适当补充其他内容进行监控。在第11章中，我们会给出这些文档和表格的模板，需要注意的是，所提供的模板仅仅是一个参考，可直接拿来使用，也可在其基础上根据实际项目的要求进行适当修改，当然，直接制定新的模板也可以，不要被提供的模板所禁锢。

⑤ 确定项目缺陷率工作指导

项目的缺陷率是指项目中出现的问题所占的比例。任何一个项目都会有问题存在，不存在完美的项目，但问题出现的数量不能超过某一个阀值，如果超过，就说明此项目有较大缺陷，无法通过验收，而不同的项目其缺陷率是不一样的。为了保证项目按时、保质、保量完成，必须事先制定一个项目能够容忍的缺陷率，并努力将项目出现的真实问题的数量控制在此缺陷率之下。一般来说，制定缺陷率要从以下几方面着手：

a. 缺陷率是针对哪方面内容提出的

一般来说，进行项目评审时，都是针对该项目完成后所形成的成果进行的，包括文档表格和程序源代码等内容。对于前者，缺陷率就是针对文档表格中所出现的问题数；对于后者，就是源代码出错的数量。

b. 缺陷率如何计算

对于文档表格来说，缺陷率是看每几页文档或表格出现的问题数，而对于源代码则看每千行的出错数。

例 10 - 4 某一项目其文档的缺陷率为 1/10，即每 10 页文档内容出现一个问题。

c. 缺陷率如何确定

只知道如何计算缺陷率还无法确定本项目的缺陷率，项目的缺陷率一般不可能在项目开始时确定，需要在项目开展一段时间后，根据以往公司或企业其他项目确定缺陷率的经验及项目进展和发生错误的情况，由项目组的全体

注意啦！

项目的缺陷率是指项目成功完成后，仍然存在的缺陷数所占总体的比例，在项目进行期间发生的或发现的缺陷数若在项目完成后已经被解决，就不能算在缺陷率中。

成员通过讨论最终确定。

> **例 10-5**　某软件项目的代码总行数为 60 000 行，在评审过程中发现了 10 个错误，在最终软件项目交货时其中的 8 个错误被修复，则该软件的缺陷率为：$(10-8)/(60\ 000/1\ 000)=1/30$，即其缺陷率为每千行代码的出错数为 3.33‰。若在项目开始时，项目组和客户共同确定的缺陷率为 5‰，则此项目符合缺陷率要求，符合产品要求，属于合格产品；若之前确定的缺陷率为 2‰，则该软件产品就是不合格的。

注意啦！　一个已经提交客户并被客户认可的合格软件产品是允许存在缺陷的，但对缺陷的严重程度有要求，只有那些对软件产品功能没有致命影响的、客户可以容忍的缺陷才能暂时存在，可以被计入缺陷率中，但在后期仍必须要想办法解决，而那些程度严重的缺陷在提交客户前必须被解决，否则不能交付产品，软件开发过程不能结束。因此，上述所说缺陷率的计算是对可以交付产品的情况下仍存在的缺陷进行计算。

缺陷的严重程度如何界定？通常我们会采用分类管理、权重计算的方法来设定缺陷严重程度，但这不是本书要讨论的问题，有兴趣的读者可以选择本系列丛书中的《软件测试师岗位指导教程》一书或与缺陷率计算方法有关的书籍进行自学。

⑥ 编写品质保证计划书指导

做好以上各步后，即可进行品质保证计划书的正式编写工作，其包括的内容参见前面 10.3.2.3 节制定品质保证计划书工作指导。

在品质保证计划书中要体现出上述五步中所需的各类资料，尤其是其中的②—⑤都应涉及，只不过所需要内容和多少有所区别而已，①中所提到的召开品质保证工作会议不必特别提及，但可适当说明。

编写项目品质保证计划书使用的品质保证计划书模板请见附件 2。

项目品质保证计划书的例子详见 12.2 节的描述。

⑦ 组织计划书评审指导

项目品质保证计划书制定好后，需要确认该品质保证计划书是否可行，能否满足本项目的品质保证需求，因此，需要召集相关人员对该品质保证计划书进行评审工作，评审的流程及具体操作过程请参见 10.3.2.3 节项目阶段性评审工作指导。

2. 项目日常检查工作指导

(1) 项目日常检查目的和内容

软件品质保证工作涉及软件生存周期各阶段的活动，应该贯彻到日常的软件开发活动中，因此，进行项目日常检查的目的就是在日常软件开发过程中，更好地保证各类活动的完成质量，对发生的问题给予及时的解决或处理，监督各类活动完成的情况，给予项目组成员相关的提醒和帮助。项目日常检查所涉及的内容主要包括如下几个方面：

① 对于产出的文档格式检查其是否符合规范；

② 检查布置的各项任务是否已经完成；

③ 对于前一阶段评审所获得的意见，监控及检查其是否得到修改；

④ 检查项目配置项是否已经正式进入配置管理范畴。

检查完成后，不论被检查内容是否合格或符合当前要求，均要填写项目检查情况表，给出相应的检查结论。

（2）项目日常检查工作流图（如图 10 - 3 所示）

项目日常检查工作流图						
活动	输入	品质保证员	作者	可选	输出	依据
	待检查资料 相关报表：周报、月报等	⬡				
收集资料		▭		●		品质保证员岗位作业指导书内容10.3.2.3 2 (4)
检查		▭		●	项目检查情况表	品质保证员岗位作业指导书内容10.3.2.3 2 (4)
反馈			▭	●	带反馈结论的项目检查情况表	品质保证员岗位作业指导书内容10.3.2.3 2 (4)
		▭				

图 10 - 3　项目日常检查工作流图

由图 10 - 3 可以看出，项目日常检查工作主要分为三个阶段：检查前的资料收集工作、正式的检查工作和检查后的结论反馈工作。

项目日常检查工作是存在于整个项目周期中的，因此，项目日常检查工作流程是一个反复循环、迭代的过程，即该工作流程会反复启动执行。

"项目日常检查"活动与后面我们要说到的评审工作类似，每个成果物的评审也不存在循环。评审工作是一次性的，并不是每次评审都必须得到成果物通过这一结论才结束。评审不通过亦可结束一次评审过程，只不过未评审通过的成果物必须重新启动评审过程进行评审而已，但"评审"活动是可以重复进行的。这里的"重复"既是指对待不同的成果物，也是指同一成果物可以多次进行评审，

同一项目的一次检查过程并不循环，即项目检查到反馈即结束，若该项目存在问题需要重新进行检查，则必须重新启动整个过程，而不是在一次检查中就把所有问题解决，这就是图10-3并不存在循环的原因。

这一点要注意。

（3）项目日常检查工作步骤描述（见表 10 - 3 所示）

表 10 - 3　项目日常检查工作步骤描述

步骤名称	步骤描述	角色
收集资料	在需要进行检查之前,收集待检查的成果物、相关文档、作者(项目组成员)所填写的各类工作报告,如周报、月报等,并提交给检查组	品质保证员
检查	检查组成员根据品质保证组成员提供的待检查的各类资料进行项目开展情况的检查,填写项目检查情况表并给出检查结论	品质保证员检查员
反馈	品质保证组将检查结论反馈给成果物作者/产出者,成果物作者根据检查结论进行相关修改,并将其响应结果填入项目检查情况表,同时反馈给品质保证组	作者

（4）项目日常检查工作步骤指导说明

① 收集资料指导

在进行日常检查之前,品质保证组必须首先成立检查组,检查组的成员主要由品质保证组成员和有一定经验的项目组成员,如项目经理、项目小组组长等组成,此时,其统称为检查员。检查员进行讨论,统一本次检查的主要内容或项目。品质保证员根据检查员讨论的结果收集相应的待检查成果物的资料提供给检查组。

② 检查指导

检查是正式对成果物实施情况检查的步骤,此时,检查组成员集中在一起对检查物就检查之前讨论的项目或内容进行一一核实,并填写"项目检查情况表",给出检查的性质、检查情况、存在问题、问题原因、修改建议,同时给出最终的检查结论。整个检查过程要求保持在两小时以内。

"检查性质":日常检查、初次完成、修改完成。主要是区分针对成果物的本次检查是常规检查还是完成后检查,即日常检查表明该成果物其实尚未真正完成,只是一个未完成的中间件;而后两者则是区分成果物完成后是首次还是多次检查,一般情况下,首次检查会有问题存在,若非首次检查,则允许"无"问题。

"检查情况":主要用来描述检查的项目内容及完成的程度或完成的结果,例如:所完成的工作数量、质量、花费的精力等,其直接影响后面的问题存在与否、问题的严重程度等指标。该处内容可以明确每个项目组成员可获得的劳动报酬,当然,工作完成情况与劳动报酬间的转换不同企业/公司不一样,需根据具体情况来定,这不是本书讨论的范围,不做细说。

"存在问题":当检查中发现成果物存在问题时,必须将该问题描述出来,以方便作者识别。

"问题原因":如果某待检查成果物存在问题,必须说明该问题存在的原因,这样可以分辨出问题存在是由主观原因造成的,还是客观原因造成的,这对项目组核实项目组成员的工作量、工作效率、工作质量起到一定的帮助作用。

"检查结论":是对本次检查给出最终的结论,以明确待检查成果是否满足项目开发的需要,为成果物作者下一步工作提供指导,检查结论主要有以下三种:

a. "按时完成"指在本次检查过程中,任务已经完成,换句话说,该成果物不存在问题,可以认为该项任务完工,可进行下一步工作。若得到的是本检查结论,则作者不用给予任何反馈。

b. "需要进一步修改"指两种情况,一是在进行本次检查时,作者的本项任务尚未全部完成;二是作者虽认为该项任务已完成,但存在一定的问题,需要进行相关修改。

c. "不符合要求,需要重新进行"指在检查过程中发现存在很严重的问题,需要成果物作者重新完成该任务,甚至需要其他成员帮忙,才能完成该任务的情况。

③ 反馈指导

反馈步骤是项目日常检查活动中非常重要的一步,只有对检查结果有相对应的反馈,才能将检查的目的和作用真正发挥出来,才能使项目真正保质保量地完成最终任务,达到最终目的。此处所提的反馈主要包括两方面:一是品质保证组将检查结论反馈给成果物作者;二是成果物作者把对检查结果的响应重新反馈给品质保证组。

当检查过程完成后,品质保证组需要将检查的结论反馈给成果物的作者,成果物作者得到了检查结论,也就明确了这一成果物的完成情况。如果情况良好,那么其就知道以后的工作按此情况进行即可达到所需效果;如果检查结论说明其已经完成的成果物存在一定的问题,也可根据检查结论进行相关修改或寻求相关帮助,以期达到项目组要求。

当成果物作者按检查结论对已检查过的成果物进行了相应响应后,必须将响应的情况填写入"项目检查情况表",并反馈给品质保证组。作者反馈的类型主要为:问题删除、已修改完成、无法完成三大类。

a. "问题删除"是指检查组提出的问题是不存在的,或者是理解上存在不同造成的,实际上该问题并不存在。当然,这需要成果物作者给出明确理由。

b. "已修改完成"是指作者完全接受检查组的意见,并按要求对其进行了相关修改,修复了问题。

c. "无法完成"是指检查组提出的问题是存在的,但作者个人无法完成对该问题的响应,作者需要提供情况说明和求援方案,品质保证组接到此类反馈必须及时做出响应,帮助解决该类问题。如果品质保证组也无法完成此类情况的处理工作,则需要提交整个项目组进行讨论解决,若整个项目组也无法解决该类问题,则需要与客户进行协商处理,或屏蔽该问题,或将该问题作为项目缺陷进行缺陷管理。

注意啦!三个阶段工作完成后(成果物作者将响应情况反馈品质保证组后)即意味着一次检查结束。后续工作并不纳入"项目日常检查"中,但后续工作仍需完成。同时,若需要对该成果物进行再次检查,则需要重新启动整个"项目日常检查"工作。其属于第二次检查,并不属于上次检查工作。

3. 项目阶段性评审工作指导

(1) 项目阶段性评审目的和内容

软件品质保证工作应该特别注意软件质量的早期评审工作,若将所有评审工作放于项目结束期间,一方面工作量太大,导致时间不够用;另一方面则是如果成果存在问题,修改起来会非常麻烦,工作量会异常庞大,更可能导致整个项目由于不能按期完成或成本过高而失败。因此,要按照品质保证计划书中的规定进行各阶段、各子项目的评审工作,即在某一子项目成果物产生时,即进行相关评审,做到早发现问题早解决、早发现问题好解决。这样可以使得项目能够较为稳定地完成各阶段工作,后一阶段不会受前一阶段的影响,最终按时、保质、保量完成项目。

评审的目的是确保在软件开发工作的各个阶段和各个方面都认真采取各项措施来保证与提高软件的质量。评审一般在达到项目开发过程中的某一里程碑处进行,即项目某一阶段的任务完成之后进行,即阶段性评审。阶段性评审的形式主要分为两种:走查和审查。其主要包括的内容有如下几个方面:

① 做好评审工作会议的组织工作

首先要确定评审会议的组织者和主持人,这一般由品质保证员担任;成果物开发人员即作者向主持人提交待评审的成果、文档和评审申请;组织者根据待评审成果和文档的规模确定评审时间和地点;组织者选择参与评审的人员名单并确定其确实可以参加评审会;组织者安排评审会议日程、发放会议通知;组织者至少提前一周将待评审的成果和文档发给参与评审的评审员进行事先的阅读与检查;最后,由主持人将各评审员对成果和文档的意见在评审会议之前收集起来,并进行适当整理,以供评审会议当天使用。

> 具体的时间安排、时间节点根据不同的项目由项目的品质保证组自行确定,此处没有统一的规定,完全根据实际情况来确定。

在事先确定好的会议时间内正式召开评审会议。由主持人宣布会议开始,项目开发小组的成员之一(非作者)对成果和文档进行讲解,评审员听讲若有疑问当场提出,由该讲解员回答评审员所提问题,作者可做相应补充。讲解完毕后,由会议主持人将评审会议之前收集到的评审意见交给讲解员,由讲解员做相关回答,作者可补充。一般评审会议时间不超过两小时。

注意啦!

待评审成果物由作者独立完成时,讲解员由作者担任。

② 记录评审问题

在评审会议召开的过程中,涉及的相关问题都要由记录员记录在评审问题记录表中(一般以电子形式记录)。记录问题时要包括问题内容、问题提出人、问题类型、解决人、计划解决时间等内容。评审结束后,记录员将记录问题在会议上宣读。

记录员应由品质保证组成员担任。

③ 得出评审结论

评审结束后,所有评审员要进行讨论,最终得出此项目的评审结论。对于较大的、一次无法评审完毕的项目,给出"未评审结束"的结论并确定下次继续评审的时间;对于无大问题,只存在一些小瑕疵,稍作修改即可的项目,给予通过结论;对于存在较大问题的项目,给予不通过需重新评审的结论。评审结论要打印成稿并由评审组长签字确认。

④ 重新召开评审会议

对于准备不充分的待评审项目、评审员事先未认真审查的项目、项目本身存在大缺陷的项目,均需要重新召开评审会议进行评审。

什么是准备不充分?什么情况下为未认真审查项目?什么为项目本身存在大缺陷?以上情况都需要项目组在评审之前给出相关的明细要求。

例 10-6　在每次评审会议召开前,必须有 90％及以上参与评审会议的评审员提出了评审意见,该项目才可参加评审。若未达到该项指标,则说明评审员事先未认真审查该项目,该项评审会议取消,需重新启动评审流程,等待下一次评审机会。

⑤ 收集和保存评审会议相关资料

评审会议结束后,由品质保证组将评审会议的有关资料收集保存。资料主要包括:评审成员登记表、评审意见表、评审问题记录表、检查点列表(品质保证检查点列表和技术检查点列表)和评审结论表。其中的评审成员登记表和评审结论表需要由相关人员手工签字完成,因此,要保存其扫描件。

(2)项目阶段性评审工作流图

前面提到项目阶段性评审形式有两种:走查和审查。下面给出两种形式评审的工作流图。

① 走查工作流图（如图 10‑4 所示）

走查流程							
活动	输入	记录员	作者	走查员	可选	输出	依据
准备	待走查的成果		确定记录员走查员名单 → 提交待走查的成果		●		品质保证员岗位作业指导书内容 10.3.2.3.3 (4)
走查		记录相关问题 → 宣读记录结果	解说待走查成果 / 标识出问题 / 得出走查结论 / 是否需要修改	走查该成果 / 是否有问题 Y N	●	评审问题记录表 / 评审结论表	品质保证员岗位作业指导书内容 10.3.2.3.3 (4)
结束			解决问题 → 结束		●	修订后的文档	品质保证员岗位作业指导书内容 10.3.2.3.3 (4)

图 10‑4　走查工作流图

由图 10‑4 可以看出，走查工作主要分为三个阶段：准备阶段、走查阶段和结束阶段。

注意啦！

在走查的整个过程中所涉及的角色有三类：记录员、作者、走查员。这其中并不涉及品质保证员。

思考一下，走查过程中是不是真的不需要品质保证员介入呢？

走查是一种对成果物的非正式的评审。走查在作者的主导下进行，走查过程中，作者会给走查员详细介绍成果。走查员也可以就走查过程中的发现与作者进行沟通，对成果提出修改意见。甚至，作者在完成任务过程中遇到问题时，可自行启动走查过程，向走查员寻求帮助。因此，走查是在项目组进行开发过程中随机、随时召开的，并不需要通过品质保证组来进行组织，召开时间不固定，时间跨度任意。

走查过程要经历的每个阶段的大体情况如下：

"准备"阶段：需要对自己的成果进行走查的作者自行确定走查员名单，并将自己需走查

的成果提交给各走查员,走查员需事先阅读作者的成果物;

"走查"阶段:作者讲解其成果物,走查员走查该成果物,如果有问题,则将该问题标记出来,并由记录员将该问题记录在"评审问题记录表"中,当走查完毕后,给出走查结论,若没有问题,则直接结束本次走查活动;若有问题,则进入下一阶段;

"结束"阶段:是针对走查过程中存在问题的情况而言的,若存在问题,在该阶段就需要作者按走查结论解决问题,解决问题后结束该次走查过程。

从上述的一系列描述过程可以看出,似乎在整个走查过程中,品质保证员均未介入其中,实际上并非如此。表象上看,整个走查过程都未涉及品质保证员,但在真正的走查活动中,品质保证员起到的是一个指导和保存的作用,即在整个走查过程中,品质保证员要时刻监控其走查活动的规范性,同时走查活动结束后所产出的各类成果

☆图10-4所示"标识出问题"的活动跨跃了"作者"和"走查员"两个角色,说明该活动是由两种角色的人员共同完成的,即只能两种角色的人员均认可该问题,该问题才被标识并记录,否则需要进一步讨论才能最终确定。
☆一次走查活动的结束是在所有被走查出的问题均被解决后才结束,但若该问题并非走查出的问题,则不能算在内。

物均应由品质保证员进行收集、存档。可以这么说,品质保证员在走查活动中是"隐性"存在的,并不直接参与走查活动,但在走查活动过程中却无处不在。

② 审查工作流图(如图 10-5 所示)

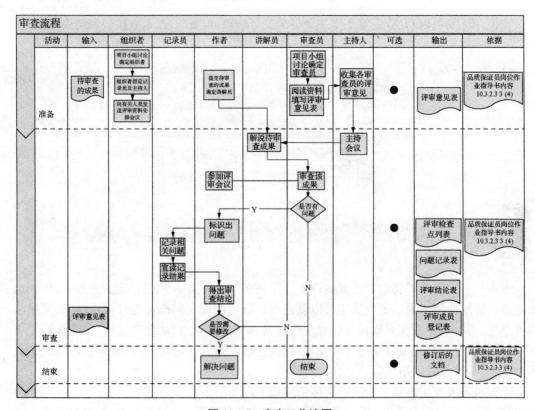

图 10-5　审查工作流图

由图 10-5 可以看出,审查工作与走查工作相似,亦分为三个阶段:准备阶段、审查阶段和结束阶段。

审查是一种非常正式的评审方式,需要通过召开评审会议来完成。评审持续时间比较长,成本开销也比较大,但一般一次审查时间不应超过两小时(这里的时间特指评审会议召开的时间,并不包括会议之前的准备时间和会后的总结、归纳时间)。与走查相比,其"准备"阶段要完成的工作较多,产生的输出较多,其余基本相同。

注意啦! 在审查的整个过程中所涉及的角色有:组织者、记录员、作者、讲解员、审查员、主持人。这其中似乎并未涉及品质保证员,实际上除作者、讲解员肯定不由品质保证员担任外,其他角色均由品质保证员担任,当然,审查员不能仅由品质保证员担任,需要有大量的专业人员承担相应责任。

审查过程要经历的每个阶段的大体情况如下:

"准备"阶段:成果作者向品质保证组提交评审申请和待评审成果物,品质保证组根据成果作者提供的建议名单结合项目需求最终确定评审员名单,并将待评审成果物及评审意见表下发各评审员。评审员必须在一定时间内阅读、评审该成果物并填写评审意见表,在评审会议召开之前的规定时间内,将写好的评审意见表上交品质保证组。品质保证组收集、整理所有的评审意见表,按一定要求填写评审问题记录表,并做好召开评审会议的各项准备工作,主要包括:会议召开时间、地点的确定、会议场地和设备的布置准备、会议通知的发放等工作。

"审查"阶段:评审会议召开时,成果物的讲解员讲解成果物,审查员审查该成果物,讲解员或作者对"评审问题记录表"中评审员提出的问题进行解答,标识出问题原因、解决办法、解决人、解决大致工作量,记录员将上述内容填入"评审问题记录表"中。当审查完毕后,给出审查结论,若没有问题,则直接结束本次审查活动;若有问题,则进入下一阶段。

注意啦! ☆讲解员和作者可合二为一。评审时讲解员或作者只需针对会前已形成的"评审问题记录表"中的问题进行解答或讨论,原则上评审会议期间不接受新产生的问题,因此,评审会议前审查员必须将所认为存在的问题一一标识在"评审意见表"中。
☆一次审查活动在得出审查结论后即结束,但该次审查发现的问题仍需要作者继续进行修改,但其修改动作并不影响本次审查工作的结束。因此,审查工作的结束并不意味着成果物完成。

"结束"阶段:是针对审查过程中存在问题的情况而言的,若存在问题,在该阶段就需要作者按审查结论解决问题。这里是指对存在问题做解决方法类型标识,并不指实际解决问题。标识后,结束该次审查过程。

上述给出的走查和审查工作流程只是两种评审方式的大致情况,实际的过程不一定要完全与上述流程相同,可根据具体项目的要求、人员配比、工作完成情况、时间跨度等因素,自行确定评审流程和评审方式。本书第 12 章中列举了一个实际的案例,其实际采用的评审方式只有审查,且评审流程也与此处不完全一样,读者可以作为参考,在自己进行的项目中实际运用。

(3) 项目阶段性评审工作步骤描述

① 走查工作步骤描述(见表 10-4 所示)

表 10-4　走查工作步骤描述

具体活动	说明	角色
准备	作者确定合适的走查员名单,制定走查的时间表;组织召开走查会议,作者、走查员、记录员出席	作者
走查	作者首先简要介绍走查的议程、人员分工等;然后详细介绍走查的成果内容,走查员发现走查问题;作者和走查员讨论走查意见,标识缺陷,记录员做出记录,同时要填写评审问题记录表;会议结束前,记录员宣读记录结果,作者和走查员确认;作者把走查记录的结果整理成走查结论,填写评审结论表	作者 走查员 记录员
结束	作者根据走查结论修复缺陷并请相关人员验证,如有必要,再次召开走查会议;上报修订后的文档	作者
品质保证	在整个走查过程中品质保证员提供走查的指导;可以抽查走查活动的规范性,并按月统计走查的相关数据,评估走查活动的效果和效率	品质保证员

由表 10-4 可以看出,表 10-4 中似乎比图 10-4 多了一个阶段,实际并非多了一个阶段,走查仍是由前三个阶段组成的,这里多出的第四个"品质保证"并非走查所要经历的阶段,而只是说明在走查过程中品质保证员所需要完成的工作,或者说是品质保证员所需担负的责任。

② 审查工作步骤描述(见表 10-5 所示)

表 10-5　审查工作步骤描述

具体活动	说明	角色
准备	作者提交待审查成果,满足入口准则,品质保证组讨论确定审查会议的组织者,组织者确定记录员及主持人;确定评审时间表;向相关人员发送评审通知和相关准备材料;品质保证组讨论确定参与的审查人员名单;审查员阅读待评审成果,填写评审意见表,并在规定时间内把评审意见发送给评审组织者;组织者根据所收集的评审意见表按要求形成"评审问题记录表"	作者 组织者 主持人 审查员
审查	在评审主持人的主导下,讲解员详细介绍审查成果的内容,审查员发现问题;讨论评审问题,澄清误会和分歧,标识缺陷,记录员给予记录;记录员宣读记录结果,作者和评审员确认;对于标识出来的缺陷和未解决的问题,明确其后续行动计划及验证办法,填写评审问题记录表;品质保证员把审查记录的结果整理成审查结论,填写评审结论表;所有参与审查的人员都要登记评审成员登记表	主持人 讲解员 作者 审查员 记录员
结束	作者根据审查结论修复缺陷并请相关人员验证,如有必要,再次召开审查会议;上报修订后的文档	作者
品质保证	品质保证员给出品质保证检查点列表对审查成果的规范性进行检查,提供审查的指导;可以抽查审查活动的规范性,并按月统计审查的相关数据,评估审查活动的效果和效率	品质保证员

表 10-5 所示的"品质保证"所表达的意思与前面所讲的"走查"部分相一致。

（4）项目阶段性评审工作步骤指导说明

① 走查指导

a. 准备阶段指导

走查条件：当某一项目组成员所负责的某一项成果完成后，或该成果完成过程中遇到个人无法解决的问题时，或者成果作者有需要时，成果物作者即可启动走查过程；

走查组织：由成果物作者进行走查组织；

走查员：由成果物作者所在项目小组的成员组成，一般 2～3 人为宜；

准备过程：作者邀请所在项目小组成员组成临时走查组，将自己待走查的成果物相关资料、文档提交给走查组的每位成员，并与其约定走查时间，做好走查准备。

b. 走查阶段指导

走查时间：走查整个过程所跨越的时间不定，由具体情况确定，但一般正式走查时间不宜超过两小时；

走查过程：在走查约定时间当天，作者与走查员到指定地点，由作者详细介绍成果物情况或解说自己所遇到的无法解决的问题，走查员指出其成果物中存在问题或给出解决问题的办法、手段、方式以帮助成果物作者解决问题，实际存在的或无法解决的问题均要记录在"评审问题记录表"中，以便成果物作者在事后进行查阅，同时全体走查员给出最终的走查结论。

c. 结束阶段指导

走查结束条件：所有走查出的问题或作者无法解决的问题得到解决或得到有效解决的措施或已被标注；

结束过程：当走查结束得到走查结论后，作者根据走查结论进行相应处理。如果没有问题或问题均得到解决办法，则由成果物作者结束本次走查活动，但走查活动结束后，必须对之前提出的问题进行相应解决，真正解决问题并开始下一项工作；若走查之后发现存在较大问题需要寻求外界帮助时，本次走查自动结束，但成果物作者需向品质保证组提交援助请求，在外援帮助下，进行成果物的修改，直到完成成果物才能结束本成果物的开发，进入下一项工作，若该问题整个项目组均无法解决，则作为缺陷进行管理。

② 审查指导

a. 准备阶段指导

审查条件：当某一项目组成员所负责的某一项成果完成后，成果物作者可向品质保证组提出审查申请；

审查组织：由品质保证组进行审查组织；

审查员：由成果物作者所在项目小组的成员、整个项目的项目经理、领域专家、其他企业专家、客户代表等人员组成，一般 5～7 人为宜，必要时，可以再增加相关人员；

准备过程：品质保证组接收到成果物作者提交的成果物资料和评审申请后，根据成果物的性质、特点、需求组织全项目组进行讨论，确定本次评审的组织者和审查员，具体参加审查的人员由成果物作者给出初始建议，品质保证组根据实际情况最终确定审查员名单，再由组织者指定评审主持人和记录员，除审查员之外其余三类人员均由品质保证组成员担任；品质保证组组织所有审查员讨论针对本次评审成果物的技术检查点，并填入技术检查点列表中；本次评审组织者将待评审成果物资料和评审意见表下发所有审查员；所有审查员在指定时间内对待评审成果物进行审查,将对该成果物的意见填入"评审意见表",并在指定时间内将"评审意见表"反馈给评审组织者;本次评审组织者收集所有审查员的"评审意见表"后,将其中的内容进行整理和汇总,形成"评审问题记录表",用于正式评审会议上记录之用;品质保证组给出品质保证检查点列表;评

注意啦!

☆作者亦可直接作为讲解员。
☆审查工作的准备过程较之走查要复杂得多,需要一定的时间来完成,因此,一般情况下可在成果物作者提交评审申请后1周正式召开评审会议,这个时间跨度没有固定限制,根据具体项目来确定即可。

审组织者进行评审会议安排,主要包括:时间、场地、使用设备、就餐等准备工作;评审组织者向全体审查员发送评审聘书;评审组织者向全体参会人员发送会议通知;作者指定成果物讲解员做好评审当天的讲解工作的准备。

b. 审查阶段指导

审查时间:审查会议召开时间跨度无固定限制,由具体情况确定,但一般不宜超过两小时。

审查过程:审查会议召开当天,全体参会人员到达指定地点后,所有审查员必须在"评审成员登记表"上签字后,才能正式召开会议。首先由主持人介绍会议议题、注意事项、会议流程等情况,再宣布会议开始;再由作者或讲解员详细介绍成果物情况,并就会前所有审查员指出的成果物中存在的问题(已汇总到评审问题记录表中)给出解释或相关应答,同时就这些问题的讨论结果给出标识,对能够当场解决的问题直接处理完毕,不能马上解决的问题给出解决问题的办法、方式、完成时间等信息;成果物评审完毕后,全体审查员给出最终的审查结论,并由评审组长签字确认。

说明

评审会议上需解决和能解决的问题是已经在"评审问题记录表"中被标明的问题,并不包括评审会议当天产生的"新问题"。若评审员发现了未被标识于"评审问题记录表"中的"新问题",该问题将在下次评审中进行处理。

c. 结束阶段指导

审查结束条件:"评审问题记录表"中所汇集的所有审查员问题均已得到标识,审查会议结束。

注意啦!

这里是指所有问题均被标识,并不是指所有问题均得到解决。即有些问题虽未马上解决,但已给出解决方式、解决人员、解决大体时间等标识信息,即可认为本次评审结束。

结束过程:当审查结束得到审查结论,同时评审组长签字后,整个评审会议即结束。评审会议结束并不意味着工作完全结束,因为在评审过程中,可能还有问题没有被最终解决。

因此,评审会议上指定的问题解决人(一般是成果物的作者)仍需要根据审查结论进行相应处理,直到所有问题均正式解决,这样才可能开始下一项工作。

☆成果物作者将所有评审问题均解决后,必须将填写相关解决情况的"评审问题记录表"反馈给品质保证组以备存档,这个反馈时间一般为一周左右,根据项目情况、问题规模大小可自行增减。

☆在评审结束后,若审查员对该成果物的评审结论为"不通过",则成果物作者必须在重新修改成果物和将评审过程中审查员提出问题均解决之后重新提出评审,即任何成果物必须通过评审这一环节才算是真正完成;若评审过程中某个问题对于整个项目组均无法解决,则作为缺陷进行管理。

③ 评审概念指导

评审活动中涉及许多概念,这里将主要的三个概念做一个简单介绍。

a. 评审状态

对于一个复杂的评审过程而言,成果物在评审过程的不同时期会处于不同的状态,根据成果物所处状态即可知道评审大致到达哪一步。因此,对于每一个参与评审的成果物都要确定其所处的状态,以提供给所有参与项目开发和评审的人员。成果物所处的评审状态有以下几种:

● 未审:指某成果物已经完成,但尚未提出评审申请时所处的状态;

● 待审:指某成果物已经完成,需要进行评审并已提交评审申请,但尚未进行评审时,所处的状态,通常,成果物作者一旦向品质保证组提交评审申请后,该成果物即自动处于本状态;

● 预审:指某成果物已经提交评审申请,品质保证组给予应答,各评审员对成果物初步非正式评审时所处的状态,一般在品质保证组将成果物和评审意见表下发各评审员后,该成果物即自动处于本状态;

● 正审:指某成果物在进行正式评审时所处的状态,一般情况下,召开评审会议时,该成果物即自动处于本状态;

● 待修订:指某成果物某次评审已经结束,但存在有关问题,需要进行修改时,所处的状态;

● 已修订:指某成果物在评审中发现的问题已经得到解决时所处的状态;

● 已审核:指某成果物已经经过评审,并且已经通过评审,不需要再做修改,该成果物已经合格时所处的状态。

以上几种状态,需要看具体成果物来定,并不是所有产品都必须经历以上七种状态,大部分成果物只需要经历其中几种状态即可,一般来说,未审、待审、预审、正审和已审核是每个成果物必须经历的过程。

b. 评审问题类别

在进行评审(主要指审查方式的评审)的过程中,所有评审员都会在会议正式召开前,对待评审成果物提出自己的意见。意见中问题类别的不同意味着处理的方法、解决问题的时

间长短、问题严重程度均不相同。因此,必须对这些问题进行类别标识,评审员所提问题的类别主要为:

- 格式:主要是指成果物中的文档所书写的格式是否与品质保证要求相一致;
- 内容:主要是指成果物中的文档所描述的内容、流程、要求等是否符合最终需求;
- 功能:主要指成果物中的软件/代码是否达到项目需求;
- 流程:主要指成果物所涉及的业务流程是否符合实际操作要求。

c. 问题解决类型

在对某一成果物进行评审时,评审过程中需要填写评审问题记录表,该表中涉及所提问题的解决类型,这是指在评审过程中已经对问题采取的处理方式或者指该问题所处的状态。该指标可以表明对该问题今后需要采取什么样的方式进行后续处理。评审中所遇到问题的解决类型有:

- 未解决:指被提及的尚未得到任何处理的问题,即只是处于初始提出状态,没有对其进行任何后继操作的问题;
- 无需解决:指某些被提及但不会对项目造成影响,可以不用处理的问题;
- 需解决:指被提及后已经过评审会议讨论,一致要求必须进行后续处理的问题;
- 已解决:指被提及并且已经处理完毕的问题;
- 已删除:指被提及但与项目本身无关,或因为个人理解原因造成误解,实际不存在的,或可能该问题并非在该成果物中涉及,而是需要在其他成果物中解决的,可以从本成果物评审问题中去除的问题。

☆ "无需解决"类型的问题只是指该问题可以不用考虑,但该问题仍然存在。

☆ "未解决"和"需解决"的区别,问题被提出后的初始状态均为"未解决",而经过讨论,明确需要解决的问题才会被标识为"需解决",即"未解决"是指提出的问题尚未经过评审讨论给出结论,而"需解决"是经过评审讨论得出对该问题的处理方式的状态,只不过所提及的问题需要进一步处理而已。

☆ 由评审员提出的问题无论其解决类型为哪种,该问题都需永远保留在"评审问题记录表"中,该问题所留痕迹永远不能被删除,如"无需解决"和"已删除"类型。

☆ 当成果物作者将"评审问题记录表"中所有问题一一解决后,需要将该评审问题记录表反馈给品质保证组,此时,该表的"问题解决类型"中只能存在"已解决""无需解决"和"已删除"三种类型。

4. 总结评审工作指导

(1) 总结评审目的和内容

当整个项目完成后,必须进行总结评审,因此,总结评审的目的就在于通过正式的评审流程来明确项目已经达到用户的要求,可以结项。其要求完成的内容为:

① 项目经理撰写结项报告;

② 召开项目总结评审会；

③ 收集、整理、保存各类项目资料。

（2）总结评审工作流图（如图 10-6 所示）

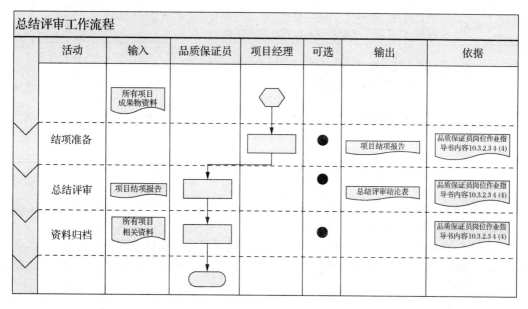

总结评审工作流程							
活动	输入	品质保证员	项目经理	可选	输出	依据	
	所有项目成果物资料		⬡				
结项准备			▢	●	项目结项报告	品质保证员岗位作业指导书内容10.3.2.3 4（4）	
总结评审	项目结项报告	▢		●	总结评审结论表	品质保证员岗位作业指导书内容10.3.2.3 4（4）	
资料归档	所有项目相关资料	▢		●		品质保证员岗位作业指导书内容10.3.2.3 4（4）	

图 10-6　总结评审工作流图

由图 10-6 可以看出，总结评审工作主要分为三个阶段：结项准备、总结评审和资料归档工作。

　　"总结评审"阶段工作的操作流程与上面第三步中的"审查"过程完全一致，此处就不重复说明。

☆在进行总结评审时，实际参与者是项目组的全体成员，上述流程图中给出的是大体的流程，细节部分（前面的文章中已提到）并未一起给出，因此，所涉及的角色这里只重点提到了品质保证员和项目经理；

　　"资料归档"阶段中所提到的输入"所有项目相关资料"除了包括最上方的输入"所有项目成果物资料"之外，还应该包括所有的"品质保证"工作所产生的资料；我们可以将品质保证工作所产生的资料也看作是一种成果物；

☆"总结评审"过程一般只进行一次，即召开一次结项评审会即可完成结项工作，这就要求在进行总结评审之前，项目组与客户应达成一致，该项目已经正式完成，没有大的、致命的瑕疵，可以结项，才可以正式召开。

（3）总结评审工作步骤描述（见表10-6所示）

表10-6 总结评审工作步骤描述

步骤名称	步骤描述	角色
结项准备	项目经理起草结项报告；项目组对该结项报告讨论得到最终结项报告；向品质保证组及项目组提交结项申请	项目经理
总结评审	品质保证组接收到结项申请后，按平时的评审流程和要求组织进行结项评审，最终得到评审结论	品质保证员 审查员 项目组全体成员
资料归档	总结评审结束后，品质保证组将与本项目相关的所有资料，主要包括成果物、品质保证资料等内容进行收集、汇总、存档，并宣布项目结束	品质保证员

（4）总结评审工作步骤指导说明

① 结项准备指导

结项条件：所有需求均完成，客户满意；

结项准备：在所有工作均完成后，项目经理根据项目完成情况撰写项目结项报告，并交由全项目组讨论，全项目组认可即由项目经理向品质保证组提交总结评审申请，等待总结评审。

② 总结评审指导

总结评审情况与之前描述的三步中的审查相一致，这里不再重复。

③ 资料归档指导

当整个项目工作完成并顺利结项后，就需要将与该项目相关的所有资料进行归档处理，这些资料主要包括：文档资料、模板资料、软件/代码、品质保证资料等。

注意啦！

这里所指全项目组认可结项报告并不是指所有成员一一确认，通常项目组核心人物，如项目小组组长通过即可。

归档的方式主要有两种：

a. 纸制形式保存：将所有产生的文档、模板之类的资料打印出来，装订成册，保存在指定的地方。这种保存方式有非常大的局限性，如成本高、占资源大、无法以此形式进行保存、保存时间短等，因此，已经越来越多地被"电子形式"所取代，只在必须时使用。

b. 电子形式保存：所有产生的资料均以电子稿方式进行保存，其克服了纸制形式的缺点，具有成本低、方便、保存时间长、重复利用方便等优点，当然也有一些缺点，如阅读起来不方便、对存储介质要求高等，但由于其优点远多于缺点，因而越来越多地被采用。

以电子形式对所有资料进行归档时，采用的技术也有多种，例如：SVN、FTP等，但不管是哪种，都必须事先明确资料归档的目录架构，这样才有助于资料归档条理清楚，有利于将来对该项目资料的查找和再利用。如图10-7所示给出了一般资料归档的目录架构。

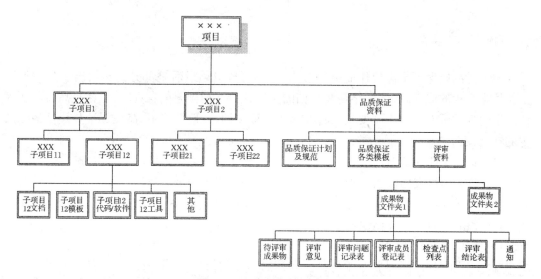

图 10-7　资料归档目录架构

　　(1) 图 10-7 中只画出了该项目中的两个子项目,实际上在一个项目中有几个子项目,该目录架构中就需添加几个子项目;

　　(2) 在"×××子项目 11"下方若还需要细分,可继续添加目录结构;

　　(3)"成果物文件夹"只给出两个,实际操作上应该是一个成果物创建一个文件夹,同时,文件夹的命名遵循品质保证中形成的命名规范。

注意啦!

　　将项目资料归档放在总结评审阶段来说明,并不是说项目资料归档就只应该在此时进行,实际上这一活动在整个项目过程中应该是无时不在的。一般有新成果物产生时都需要进行资料归档,且这些资料归档一般由成果物作者自行完成。这里提到的资料归档主要是指资料归档的查漏补缺,将之前未归档的、归档有问题的资料进行相关处理,保证归档的资料不重复且版本最新。决不能将所有资料归档工作都放于最后,那样不仅工作量过大,而且容易出错。毕竟一个人的记忆是有限的,几个月前完成的工作所涉及的资料不是每个人都能记得很清楚。

10.3.3　输出

输出是品质保证员岗位作业指导书的第三部分，也是最后一部分。它给出了品质保证工作最终产生的成果物，即最终需要存档的文字、图片、视频等信息资料，也就是品质保证工作产生的各类资料。这里主要是指各类品质保证文档，一般情况下，品质保证员岗位最终产生的输出文档主要有以下几类：

（1）品质保证计划书；

（2）各类项目文档模板；

（3）格式约定文档；

（4）各类品质保证文档模板；

（5）会议纪要模板。

"品质保证计划书"是整个项目品质保证的基础和依据，每个项目均应有一个与其相对应的品质保证计划书，项目的品质保证工作均根据其实施；

"各类项目文档模板"是项目进展过程中需要撰写的各类文档模板，根据项目不同该类模板会不完全相同，需要在进行项目初期由品质保证组成员制定和设计，一旦确定好，在以后进行其他相似的项目时，可以直接使用，或少量修改使用，这可大大减少开销，提高项目进展效率；

"格式约定文档"是描述项目撰写的所有文档需要遵循的格式约定，如字体、字号、颜色、行间距、表格式、图格式等内容；

"各类品质保证文档模板"给出项目品质保证工作过程中所涉及的文档或表格，其主要包括：日报表、周报表、月报表、评审流程、评审成员登记表、评审意见表、检查点列表、评审结论表、项目检查情况表等；

"会议纪要模板"是为项目开展过程中所召开的会议内容做记录的表格，其主要涉及会议召开主题、时间、参加人员、会议内容、存在问题等。

这里提到的各类输出文档模板，将在下一章里具体给出。

10.4　本章小结

本章对品质保证员岗位作业指导书进行了结构和内容两方面的分析，使我们了解了其作业指导书主要由输入、工作流程和输出三个部分组成。

本章重点说明了品质保证员的工作流程和工作职责。明确了一个品质保证员在项目进行过程中主要需要完成品质保证计划书的制定、项目日常检查、项目阶段性评审和总结评审四大类工作，同时，也了解了每类工作的流程、方法和需要完成的工作及其产生的成果。本章为从事软件品质保证岗位工作的人员提供了工作流程、工作操作的指南。

下一章，将给出软件行业中品质保证员岗位工作过程中所涉及的各类模板。

10.5　本章实训

1. 简述品质保证员岗位作业指导书的结构。

2. 根据本章给出的各种工作流图,试画出软件开发过程的工作流图。

3. 试画出你组织或参加的某项工作的品质保证工作流图,例如:某次班会、某次主题歌唱比赛、某次公益劳动、某次志愿活动等。

4. 小张已经在 B 公司担任品质保证经理,从事品质保证工作一年了。某一天他接到通知要参加一个名为"商务时代"的项目,让其担任该项目的品质保证经理一职,这是一个小型的电子商务网站开发项目,网站主要实现各类商品的在线销售功能。如果你是小张,请你为该项目撰写一份品质保证计划书,你将如何处理? 请给出该项目的品质保证计划书。

第11章　软件品质保证文档模板

11.1　概述

    本章主要给出品质保证员在工作过程中涉及的各类文档模板，为大家进行品质保证工作提供参考。

    本章提供的模板范例主要有：作业指导书模板、工作流图模板、品质保证计划书模板、格式约定文档模板、会议纪要模板、各类品质保证文档模板。这些模板仅供参考，可根据具体实际情况确定。

11.2　软件品质保证计划书模板

    根据第10章中的介绍，可以知道，软件品质保证计划书是软件品质保证员进行正常品质保证工作的依据，是项目组成员按时、保质、保量完成任务的保障。制定出符合项目要求的软件品质保证计划书对整个项目的进展具有至关重要的作用。根据项目的不同，品质保证计划书的结构会有所不同，一般撰写软件品质保证计划书可使用本书提供的模板。

11.2.1　模板

模板请见本书附件2。

11.2.2　模板说明

模板说明请见本书附件2。

11.3　格式约定文档模板

    格式约定文档对项目中需要撰写的各类文档的格式设置做了统一的明确规定，这样可保证一个项目所有文档的书写方式相一致，可达到清晰、准确、易读、美观的目标。因此，在项目开始时,品质保证组必须制定出项目统一的格式约定。同一类型的文档格式要求一致,但不同类型的文档格式可稍有变化,需要确定每一类型的文档的基本格式。不同的项目对于格式的要求不完全相同,但大体需要包括以下几方面:

（1）文档标题页的命名格式；

（2）文档内部标题的编码规则,以及文档内容编码规则；

（3）标题、正文、数字的字体、字号、间距、颜色的要求；

（4）表格的要求；

（5）通用字符的使用规则；

（6）文档的底纹要求；

（7）文档中图形的要求；

（8）页眉页脚的要求；

（9）文档中所涉及的日期的书写格式要求；

（10）流程图和用例图的要求（一般是由项目组负责人给出模板,品质保证人员将其纳入品保要求中,并据此在以后的工作中进行检查）；

（11）文档所涉及的英文名词和术语表的要求；

（12）文档的命名规则；

（13）文档的归档目录架构。

11.3.1　模板

具体模板请见本书附件 3。

11.3.2　模板说明

模板说明请见本书附件 3。

11.4　日报表、周报表、月报表模板

日报表、周报表和月报表是项目组的每位成员根据每天、每周和每月的实际工作情况来进行填写的一种报表,该类报表主要作用是描述和反映项目组成员在一定时间段内的工作完成情况、存在的问题以及如何解决的方法。因此,此类报表其实是对工作情况的一种反映,填写人应为项目组的任意成员,而非品质保证员,但为了保证所有人员所填内容的形式一致,便于阅读其他人的工作情况,需要使用统一格式的文档来完成此项工作,因此,需要由品质保证员给出统一模板供全项目组使用。同时,该类型报表的内容亦可作为品质保证组对项目组成员进行日常工作检查的依据之一,是项目组核对项目组成员工作量的基础。

日报表、周报表和月报表在形式上基本相同,只是所特指的时间跨度不一样。对于同一项目组而言,三种报表可同时选择使用,也可只选择其中的一种或两种,这由项目组自行确定。如何进行选择请见第 10 章,一般情况下,周报是最为适宜的。

下面给出的是三表合一模板形式。

11.4.1　模板

表 11 - 1　日报、周报、月报表
×××公司
×××项目
××××年度进展报告

所属单位		报告人		报告日期	
项目名称					
汇报周期		到		汇报频次	
进展情况	1. 完成工作 1 描述 2. 完成工作 2 描述 3. 完成工作 3 描述 ……				
风险预防	1. 问题 措施 1： 措施 2： 2. 问题 措施 1： ……				
管理者 反馈留言					

注：

1. 文件名命名规则：

2. 存档地点：

3. 汇报频次：××；截止时间：×××。

11.4.2　模板说明

以下十一点是对日报、周报、月报表模板的说明，请对照 11.4.1 进行认知学习。

（1）标题中的"×××项目"和表中的"项目名称"，一个是指整个项目的名称，一个是指子项目名称，即后者是前者的一部分。通常一个项目较大时，一定会将其按情况拆分成多个小项目，若项目本身不大，未作划分，则两者填同一项目名称即可。

（2）"所属单位"是指子项目组的名称，若只有一个项目组，则填总项目组名称。

（3）"汇报周期"和"汇报频度"两个栏目的作用是表明该表是属于"日报""周报"，还是"月报"，前者填入起止日期即可，后者直接填入"日报"或"周报"或"月报"，这两个栏目确保了三表合一；当然，也可根据自身的需求定制三种不同的报表，以供整个项目组使用。

（4）"进展情况"要求将自己所做的事情按条目罗列出来，只要讲述事实，不用添加修饰性语句，需要注意的是，只要是进行的事情均要填入，并非只填入已经完成的事情。

（5）"风险预防"实际上就是对存在问题的说明。需要以条目形式将当前工作中遇到的问题或将来工作中可能存在或遇到的问题一一列举，同时，要求给出解决方法，当然，针对同一问题的解决方法不一定只有一种，可将其一一说明。由于填写该表的是实际工作的项目组成员，因此，其对问题的解决方法不一定准确或根本无法解决，则需要在"措施"中明确说明"无法解决，需要帮助"，以方便管理者对其进行下一步指示。

（6）"管理者反馈留言"部分是管理者对项目组成员工作完成情况和存在问题给予的答复，项目组成员根据管理者的反馈进行下一步处理。这里的"管理者"是相对的，如果填写该表的是"子项目组成员"，则管理者应为"子项目组组长/子项目组领导者"，若填写该表的是"子项目组组长/子项目组领导者"，则管理者应为"项目经理"。

（7）备注部分的"文档命名规则"的作用是指出本模板在实际项目运用过程中按什么方式进行命名，尽管我们在前面的"文档格式约定模板"中提到了在其中需要明确"文档命名规则"，但那里的文档命名规则主要适用于较大型的、文字型的文档，例如：需求规格说明书、详细设计说明书、管理草案、督查草案等。对于一些小型的、表格类的或者无法完全按照"文档格式约定"中给定的文档命名规则进行命名的其他文档，可以重新进行"命名规则"的制定，若该"命名规则"只适用于这一个文档，就必须在文档的最后以"备注"的方式说明"命名规则"，而此处正是处于这种情况。

（8）备注部分的"存档地点"与第 7 点一样，是说明本类型文档存放的方式和地点的。

（9）备注部分的"汇报频次"给出"日报""周报"或"月报"，同时，给出每次上报该文档的最后时限，以督促项目组成员按时完成工作情况汇报。

（10）上述模板中每一栏目的大小自行确定，一般尽量在一页中显示完全，内容过多可显示在两页或更多页上，根据具体情况确定，因此，在制作该表时，将每栏的高度设置为自动改变为宜，同时，将表格的标题及表头设置为每页均显示，这样在出现多页情况时，不至于出现除首页外其他页没有中心思想的情况，那样不利于可阅读性。本模板就需将开始到"汇报频次"这一行的所有内容进行这种设置。

（11）根据项目的不同，可以对本文档进行增、删、改操作，但一旦确定好后，项目组将统一使用，同一项目不可出现不同样式的本文档。尽管不同项目之间本文档可以不同，但一般情况下，同一公司的应该基本保持一致，没有必要让品质保证组不停地制定新模板。

11.5　项目检查情况表模板

项目检查情况表用于记录品质保证组对项目组成员某项工作完成情况的检查结果，起到对项目组成员进行监督的作用，从而保证项目顺利完成和提高完成的质量。

11.5.1 模板

表 11 - 2　项目情况检查表

项目情况检查表		
项目名称		
项目类别	类别编号类别名： □ 子类别编号子类别名 □ 子类别编号子类别名 □ 子类别编号子类别名…… 类别编号类别名： □ 子类别编号子类别名 □ 子类别编号子类别名 □ 子类别编号子类别名…… ……		
项目负责人		检查人
检查日期		填表日期
检查性质	□ 常规检查　　　□ 初次完成　　　□ 修改完成	
检查情况		
存在问题		
问题原因		
检查建议		
检查结论	□ 按时完成 □ 需要进一步修改 □ 不符合要求，需要重新进行	
结果反馈	□ 问题删除(品质保证小组所提问题不正确，无需理会) □ 已修改完成 □ 无法完成	

注：
1. 文件名命名规则：
2. 存档地点：

11.5.2 模板说明

以下七点是对项目情况检查表模板的说明，请对照 11.5.1 进行认知学习。

(1)"项目名称"是指被检查的成果物的名称或被检查的任务名称。

(2)"项目类别"由项目组和品质保证组共同对项目中的各小项进行分类和编号，以方便管理，如何分类和编号由项目组和品质保证组根据项目情况自行确定，通常情况下，类别编号和子类别编号以英文字母和数字组合进行编制，例如：A1 表示 A 类第 1 大项、A11 表示 A 类第 1 大项的第 1 小项，并依此类推。

（3）"项目类别""检查性质""检查结论"和"结果反馈"选择时，请将"□"替换成"■"即可。

（4）"项目负责人"特指本次被检查成果物的作者或任务完成者，并不是指子项目组长或项目经理。

（5）"检查日期"和"填表日期"可以不一致。

（6）之后的每一项内容代表什么含义，如何填写请参见"第10章 项目日常检查工作步骤指导说明"，这里不再赘述。

（7）"11.4.2"中的第7、8、10、11点说明内容同样适用于本文档。

11.6 会议纪要表模板

项目开展过程中，无论是项目组的例行会议，还是品质保证组进行项目检查；不论是进行项目阶段性成果物的评审，还是最终的结项评审，均需要召开相关会议，每次工作会议均需要形成最终的结果。通常这种结果需要填入相关的表格中，以备保存和检索，这种表格即会议纪要表，只要是项目组召开的会议，均需要填写这类表格，因此，其通用性要求比较高，主要记录会议的名称、与会人员名单、会议的主要内容、形成的结果等。根据项目的不同，会议纪要表所需表达、涵盖的内容也不完全相同，一般情况下的会议纪要表可使用以下提供的模板。

11.6.1 模板

表11-3 项目会议纪要表

会议纪要表				
会议名称			主持人	
会议地址		会议日期	记录人	
准时与会者				
迟到人员				
缺席人员				
会议内容	1. 2. 3.			
存在问题	1. 措施：			
备注				

注：

1. 文件名命名规则：

2. 存档地点：

11.6.2 模板说明

以下五点是对会议纪要表模板的说明,请对照11.6.1进行认知学习。

(1)"会议日期"填写时需要将日期与时间均填入其中,例如:2014－06－12、9:00—11:00,表示该会议是2014年6月12日上午9—11点间召开的,一般会议时间不能超过两小时。

(2)"准时与会者"要求参加会议的全体成员均需手动签名。

(3)"迟到人员"和"缺席人员"要求由"记录人"进行填写,若不存在这两类人员,必须写入"无"以明确没有迟到和缺席人员。

(4)"存在问题"不是指会议本身存在的问题,指的是会议所讨论的议题所存在的问题,需按条目一条条罗列,并对每一条解决该问题将采取的措施给出简单说明,以便项目组成员按会议精神进行项目的后继工作。

(5)"11.4.2"中的第7、8、10、11点的说明内容同样适用于本文档。

11.6.3 详细模板

11.6.1中给出的是较为简明的会议纪要模板,有时要根据情况使用更为详细、准确的会议纪要模板,例如下面这种(见表11－4所示)。

表11－4 项目会议详细纪要表

_____年度_____公司会议纪要表

时段:○ 上半年　 ○ 下半年

会议级别	1 ○总公司　2 ○部门　3 ○项目组 4 ○项目小组　会议		会议形式	○ 现场　 ○ 网络 ○ 电话
会议内容类别	A 类:□ A1 类(□ A11 类、□ A12 类……)　□ A2 类　□ A3 类…… B 类:□ B1 类(□ B11 类、□ B12 类……)　□ B2 类　□ B3 类…… C 类:□ C1 类(□ C11 类、□ C12 类……)　□ C2 类　□ C3 类…… ……			
会议名称			主持人	
会议地址		会议日期	记录人	
参会人员签到				
迟到人员			缺席人员	

(续表)

会前准备	
会议内容	
存在问题	1. 措施：
备注	

文件命名规范：会议年度时段_会议级别会议纪要表（会议内容类别代码）_记录人_会议日期

按时间、按级别、按专项批量扫描文件命名规范：会议年度时段_会议级别会议纪要表（会议内容专项类别代码集）_扫描人_扫描日期 pdf

归档要求：按时间、按级别部门；

归档路径：

扫描归档时间：

11.6.4　详细模板说明

以下七点是对会议详细纪要表模板的说明，请对照 11.6.3 进行认知学习。

（1）在进行"时段""会议级别"和"会议形式"的选择时，只要将"○"符号替换成"●"即可。

（2）"会议内容类别"应该在进行会议之前，分析本公司或本企业的各类会议的类别情况，将所有类别的会议均纳入其中，模板中给出的是例子，由于同一类别的会议可能也分为各种子类别，因此，进行类别填写时又进行了细分，如何划分需要根据各种实际情况进行处理，此处不做详细列举。

（3）"会议地址"对于非"现场"会议不需填写。

（4）"会前准备"主要是填写在开此次会议之前所需准备的事项，主要包括硬件的准备、软件材料的准备等内容。

（5）"会议内容"不够处可自动增加。

（6）若该会议纪要内容一页无法全显示，需要在多页显示时，其他页均要显示表头内容，但要注意这并非手动制作两次表格，而是将该表头需重复的部分自动重复显示。

（7）表格最下方的文字说明部分，是该表格电子稿的命名规则及存档要求，可根据实际情况自行确定，所有其他模板均可直接在模板中给出相关要求，也可将这些命名和存档要求统一在一个文档命名、存档及格式约定要求文档中。

11.7　评审流程

10.3.2.3 节中的第 3 点"项目阶段性评审工作指导"中已经将项目评审的流程、注意点、所需完成的工作做了十分详细的说明,在此处主要强调一下评审的实际操作过程。

11.7.1 流程

(1) 成果物作者填写"项目评审申请表",并向品质保证组提交评审申请;

(2) 成果物作者将填好的申请表及成果物一并发送品质保证经理;

(3) 品质保证经理收到申请后,即刻组建该成果物的评审组织小组,并在三天内进行评审会议安排(包括:场地、时间、设备、就餐等);

(4) 负责本次成果物评审的品质保证组成员将"待评审成果""评审检查点列表""评审意见表"发给参与评审会议的所有评审员;

(5) 评审员在三天内将"评审意见表"及"评审检查点列表(技术检查点)"反馈给负责评审会议组织的品质保证组成员;

(6) 品质保证组成员收到所有评审意见表后进行数据统计,将所有意见综合到"评审问题记录表"中,同时将技术检查点进行统计,开会进行讨论并最终定下技术检查点;

(7) 品质保证组成员正式向各评审员及作者发送"会议通知"及与会人员名单;

(8) 评审会正式召开,到场的评审员均要在"评审成员登记表"上签字;

(9) 会议期间,品质保证组成员进行会议记录,主要是记录"评审问题记录表";

(10) 会议结束时,品质保证组成员需记录"评审结论表",并由评审组长签字;

(11) 会议结束后,品质保证组资料管理员整理出本次评审所涉及的全部资料,并进行存档;

(12) 若评审未通过,由作者重复启动下一轮评审工作。

11.7.2 流程说明

以下三点是对评审流程的说明,请对照11.7.1进行认知学习。

(1) 这里的评审流程主要指"审查"方式,走查不必召开正式会议,可采用讨论方式进行。

(2) 上述过程中未提及"品质保证检查点列表",该列表内容由品质保证组根据以前所召开品质保证工作会议和已经制定好的各类品质保证要求进行制定,不需要由评审员出具。

(3) 根据评审流程,每位提出评审需求的作者需要注意时间跨度,至少要在评审会议正式召开前一周提出评审申请,否则,顺延1周。

例11-1 2014年5月8日申请拟于5月22日召开评审会,由于召开时间距提出申请评审时间超过七天,则评审会议可在5月22日召开。

例 11-2　2014 年 4 月 11 日申请拟在 4 月 16 日召开评审会,由于准备时间不足一周,因此,自动将评审会议召开时间顺延七天,即 4 月 23 日召开。

11.8　评审申请表模板

某成果物完成后,必须提交品质保证组进行评审,评审通过后,才表明该成果物正式完成,而评审的时机掌握在成果物作者手中,因此,只有成果物作者向品质保证组提交评审申请后,才正式启动评审流程。评审申请是通过提交评审申请表的方式进行的,下面给出了评审申请表模板。

11.8.1　模板

表 11-5　评审申请表

评审申请表				
项目名称				
申请日期		评审性质	□ 审查	□ 复审
拟评审日期		申请人		
拟聘请评审人员	评审组长: 评审成员:			
成果物情况简介				

注:
1. 文件名命名规则:
2. 存档地点:

11.8.2　模板说明

以下七点是对评审申请表模板的说明,请对照 11.8.1 进行认知学习。

(1)"项目名称"是指待评审成果物的名称或待评审的任务名称。

(2)"评审性质"中的"审查"特指首次对该成果物进行评审,"复审"则指对同一成果物的除首次之外的其他次评审,因此,同一成果物只能有一次评审性质为"审查",其他都应为"复审",一般,同一成果物评审次数不应超过两次。

(3)"评审性质"选择时,请将"□"替换成"■"即可。

(4)"拟评审日期"是由作者提出的评审时间,该时间应比"申请时间"晚七天以上,品质保证组根据项目组当时的实际情况最终确定评审会议召开时间,可与作者提出的"拟评审时间"一致,也可改成适合评审组的时间进行实际评审。

(5)"拟聘请评审人员"是由作者提出的评审员名单,作者对成果物十分熟悉,因此,其提出的评审员名单也较有针对性,但可能存在不全面或程度要求不够的问题,品质保证员可在作者提出的名单基础上进行增、删、改操作,最终形成正式的评审员名单进行正式评审。

(6)"成果物情况简介"是作者对评审成果物情况的简单说明,主要包括完成的各项功能、任务描述、采用的方法技术、特色、优点等,也可适当描述其存在的缺陷或不足。

(7)"11.4.2"中的第7、8、10、11点的说明内容同样适用于本文档。

11.9　评审会议通知模板

项目的评审会议由品质保证组进行组织、管理。当成果物作者提交评审申请后,品质保证组即开始进行评审会议的各项准备工作,当各项准备工作就绪后,品质保证组必须向参与评审会议的成员下发评审会议通知。该通知除了告知参会者会议召开时间、地点、主题之外,还应包括聘请其为评审成员的邀请。下面给出该评审会议通知的模板。

11.9.1　模板

表 11-6　评审会议通知模板

公司/企业名
项目组名评审会议

通　知

尊敬的×××:

　　我项目组定于××××年××月××日××点在×××召开×××的评审会议,现聘请您为本次评审会的评审组长/评审员,请惠予参加。

　　　　　　　　　　　　　　　　　　　　　　　×××公司
　　　　　　　　　　　　　　　　　　　　　　　×××项目组
　　　　　　　　　　　　　　　　　　　　　　　品质保证组
　　　　　　　　　　　　　　　　　　　×××年××月××日

联系人:×××　　　　　　　　　　　　联系电话:×××××××××××

11.9.2　模板说明

> 以下两点是对评审会议通知模板的说明，请对照 11.9.1 进行认知学习。

（1）其中所有的"×××"需被实际的公司名、项目名、时间、地点、评审会议主题所替代。

（2）若聘请的评审成员为外单位人员，本通知需加盖单位公章。

11.10　评审成员登记表模板

对同一项目中各子项或各成果物进行评审时，其评审成员不一定是完全相同的，因此，每次评审前所有参与评审的成员都要进行签字确认，并对本次评审结论负责。下面给出评审成员登记表模板。

11.10.1　模板

表 11-7　评审成员登记表

评审成员登记表				
成果名称				
评审日期		评审性质		□ 审查　□ 复审
职务	姓名	职称	单位	签名
组长				
副组长				
评审组成员				

注：

1. 文件名命名规则：

2. 存档地点：

11.10.2 模板说明

以下四点是对评审成员登记表模板的说明,请对照 11.10.1 进行认知学习。

(1) 评审组可以不设置"副组长"。

(2) "评审组成员"可根据情况进行增删,一般要求一次评审其评审组成员不少于五人,结项评审会议的评审成员则应为项目组的全体成员。

(3) "签名"必须由各评审员手动书写,不允许打印,该文档需在所有成员均签完名后进行扫描存档。

(4) "11.4.2"中的第 7、8、10、11 点说明内容同样适用于本文档。

11.11 评审意见表模板

根据前面内容的介绍,我们知道了评审意见表是保存评审成员意见的表格。在作者提交评审申请后,品质保证组需要提前将待评审成果物和评审意见表下发各评审员,评审员必须在召开正式评审会议前,对评审成果物进行初次评审即预审,并将个人对评审成果物的意见填入该表中,同时,在正式评审会前将已填写好的评审意见表发回品质保证组,由品质保证组成员将其统计汇总成问题记录表。每种操作之间的间隔前面已说明过,这里不再重复。可以说,"评审意见表"就是各个评审员意见的体现,是评审会议召开的基础,是进行评审讨论的关键,因此,评审意见表的填写非常重要。一般进行评审时,"评审意见表"的反馈数不得少于五人,全部评审员均反馈的质量为最高。根据项目的不同评审意见表的结构会有所不同,一般可以使用下面提供的两类模板。

11.11.1 模板

1. Word 版本(见表 11-8 所示)

表 11-8 评审意见表 2008 版

评审意见表			
成果名称			
评审日期		评审性质	□ 审查 □ 复审
意见人		填表日期	

（续表）

编号	问 题 摘 要
1	在此处写出问题摘要 包括:问题所在文档/成果物名称、页码/代码行数、问题简要描述、修改意见等
2	
3	
4	
5	

注:
1. 文件名命名规则:
2. 存档地点:

2. Excel 版本(见表 11－9 所示)

表 11－9　评审意见表 2013 版

评审意见表 备注:成果名称可选,评审性质可选,意见人可选,问题类别可选				
成果名称				
评审日期		评审性质		意见人		填表日期	
编号	评审意见			
	页码/行数	问题类别	问题描述	修订意见
1				
2				
3				
4				
5				

注:
1. 文件名命名规则:
2. 存档地点:

11.11.2　模板说明

　　以下十一点是对两种评审意见表模板的说明,请对照 11.11.1 进行认知学习。

1. Word 版本

（1）"意见人"即评审员本人姓名，因此，该表应该是一评审员一文档。

（2）意见要求不能只写有关格式方面的问题，重点还是内容、程序运行等方面专业技术问题。

（3）意见数量可根据实际情况进行增删操作。

（4）"11.4.2"中的第 7、8、10、11 点的说明内容同样适用于本文档。

2. Excel 版本

（1）本文档表格是用 Excel 制作的。

（2）"成果名称""评审性质""意见人"和"问题类别"内容应事先通过相关技术（例如：数据有效性）设定好，因此，在正式填写本表时，只能进行选择，不能填入新文字，这种做法是为了在进行评审活动时方便操作，只要事先做好一次性准备，后继工作会相应简单，同时，也可以保证内容的统一性和准确性。

（3）"成果名称"和"意见人"需要根据项目情况明确所需评审的所有成果和参与评审的所有评审成员名单，然后加载进入本文档中，如果一开始无法完全明确其中包含哪些成果物，在以后遇到时，不断进行更新处理即可，该种处理完毕后，这两类数据也是通过"选择"操作来实现，并不需要手动输入新文字。

（4）"评审性质"包含两类："审查"和"复审"。

（5）"问题类别"包含"格式""内容""结构""代码"四类，表示某问题是针对哪方面提出来的，前两者主要针对文档类型成果；后两者主要针对软件项目类型成果。

（6）意见数量可根据实际情况进行增删操作。

（7）"11.4.2"中的第 7、8、10、11 点的说明内容同样适用于本文档。

3. 两者比较

上述两种版本的评审意见表，可任意选择其中之一使用，其各自的优缺点为：

Word 版比较简洁，但不够明细；Excel 版内容明细、使用方便。根据各自情况自行确定使用哪种。

11.12　评审问题记录表模板

评审问题记录表是进行评审意见统计所生成的表格。当品质保证组收到评审成员反馈的评审意见表后，需要将所有意见表中的意见汇总到一起，以便评审会议当天对所有问题的讨论。该问题记录表不仅要体现出问题的内容，还要体现出问题的提出人、将来的解决人和解决所需花费的大体时间，一般的评审问题记录表可使用以下提供的模板。

11.12.1　模板

1. Word 版(见表 11-10 所示)

表 11-10　评审问题记录表 2008 版

评审问题记录表						
成果名称						
评审日期		评审性质			□ 审查　□ 复审	
记录人						
问题类型:未解决,无需解决,需解决,已解决,已删除						
编号	问题摘要	提出人	问题类型	谁解决	计划解决日期	实际解决工时(h)
1						
2						
3						
4						
5						

注:
1. 文件名命名规则:
2. 存档地点:

2. Excel 版(见表 11-11 所示)

表 11-11　评审问题记录表 2013 版

评审问题记录表 备注:成果名称可选,评审性质可选,问题类别,问题解决类型可选 (问题解决类型为"未解决"时,背景色自动变红;"已解决"时,背景色自动变绿)											
成果名称											
评审日期		评审性质		记录人		填表审日期		成果物作者			
编号	评审意见					提出人	问题解决类型	解决人	计划解决日期	实际解决工时	
	页码	问题类别	问题描述		修订意见						
1											
2											
3											

（续表）

编号	评审意见				提出人	问题解决类型	解决人	计划解决日期	实际解决工时
	页码	问题类别	问题描述	修订意见					
4									
5									

注：

1. 文件名命名规则：

2. 存档地点：

11.12.2　模板说明

以下十五点是对两种评审问题记录表模板的说明，请对照11.12.1进行认知学习。

1. Word版

（1）"问题摘要"中的内容应由品质保证员从评审成员所反馈的"评审意见表"中直接复制得来，不需要手动输入，也不能对评审成员所提供的评审意见表中的内容做任何修改。

（2）"提出人"指的是该问题的"意见人"，因此，通常在品质保证员汇总所有意见人时，应将同一意见人的意见汇总在一起，且不要打乱。

（3）"问题类型"出现的内容应与其上给出的问题类型相一致，以表示在评审工作会议上对该问题的处理方式。

（4）"谁解决"是指解决该问题的人员，一般均由成果物作者进行解决。

（5）"计划解决日期"是指该问题计划在什么时间处理解决，这一栏内容通常是在评审会议上由评审员和作者共同讨论得出，当然，实际解决时间并不强求与计划解决日期完全一致，但其差距应在合理范围内，具体差距时间允许范围由项目组共同讨论得出。

（6）"实际解决工时"是指解决这一问题花费的时间，一般以小时为单位，如果问题比较简单，解决所花费时间不长，可以按分钟（m）计算。

（7）整张表的问题数应与所有评审成员所提意见数的总和相一致，即通过该表即可知道该待评审成果物存在多少问题。

（8）"11.4.2"中的第7、8、10、11点的说明内容同样适用于本文档。

2. Excel版

（1）"表格标题"中"成果名称可选"等内容，若要做到可选，必须将可能进行评审的所有成果、评审性质、问题类别、问题解决类型事先加载入表格中，方法是利用Excel表格中"数据有效性"进行设置。

（2）"表格标题"中提到的某些背景颜色的变化，需要通过对表格进行相关设置来完成，通常可用条件选择方法进行处理。

（3）"问题描述"由品质保证员从评审员所给的评审意见表中获取，只能复制，不能修改，且此处只是给出评审员对评审成果物的意见描述。

（4）"修订意见"里则是给出评审员对评审成果物存在的问题的修改意见，仍由品质保证员从评审意见表中复制得到，不能修改。

（5）"（3）（4）"中给出的均是评审员的个人想法，也就是说，其提出的问题和给出的解决方法不一定是准确的或有用的，真实存在的问题和解决该问题的办法必须通过评审会议最终由全体评审成员和成果物作者共同确认才行。

（6）其余内容与 Word 版相似，不再赘述。

（7）"11.4.2"中的第 7、8、10、11 点的说明内容同样适用于本文档。

11.13　检查点列表模板

品质保证工作的目的是保证项目按时、保质、保量完成，如何衡量工作是按时、保质、保量完成的，需要对各项工作进行检查，检查的项目需要事先明确形成"检查点列表"，品质保证员根据"检查点列表"所列举的各项来进行相关检查。"检查点列表"主要有两类，一是"品质保证检查点列表"，用以描述各项格式类检查项目；二是"技术评审检查点列表"，用以描述项目内容、方法、所采用的技术、代码情况等方面的检查项目，通过这两类检查来保证对项目质量的控制。下面给出两类检查点列表的模板。

11.13.1　模板

表 11 - 12　项目品质保证/技术评审检查点列表

×××_品质保证/技术评审检查点列表

成果物名称		
评审时间		
记录人		
检查类别	详细检查点	是否符合要求

注：

1. 文件名命名规则：

2. 存档地点：

11.13.2 模板说明

以下五点是对项目品质保证检查点列表和技术评审检查点列表的说明，请对照11.13.1进行认知学习。

(1)"×××"需用实际待评审成果物或项目名称取代。

(2)两种类型的检查点列表可用同一模板，但需在标题上做选择修改。

(3)"检查类别"根据实际检查情况来确定，将检查点按类进行区分，例如：对于品质保证检查点列表可以列"文档格式""文档命名"等；而对于技术评审检查点列表，可列"方案执行时间表""人员组织""内容流程"等检查类。

(4)"是否符合要求"事先列好选项"是"和"否"，可直接进行选择。

(5)"11.4.2"中的第7、8、10、11点的说明内容同样适用于本文档。

11.14 评审结论表模板

评审是项目品质保证工作的一个重要环节，每次评审不论什么情况，均应给出当次评审的结果，以便项目组成员和评审的成果物作者及时了解项目组对该成果物的评价，并明确其后的工作走向，因此，对评审给出结论是非常重要的，评审结论表就是用于记录所有评审情况和评审最终结论的文档。下面给出评审结论表模板。

11.14.1 模板

表 11-13 评审结论表

评审结论表			
成果名称			
评审日期		评审性质	□ 审查　□ 复审
评审成员			
项目完成的总体情况			

（续表）

存在问题	
评审 意见	
评审结论	
备注	

评审意见分为四类:不需修改,稍作修改,做重要修改,要重新评审,并给出每项的理由
评审结论:通过,不通过,未评审结束
评审组长签字:
注:
1. 文件名命名规则:
2. 存档地点:

11.14.2 模板说明

以下八点是对评审结论表的说明,请对照 11.14.1 进行认知学习。

（1）"评审成员"中需填写所有参与评审的成员名单,同时要注意其中的成员应与其相对应的"评审成员登记表"中的名单相一致。

（2）"项目完成的总体情况"描述整个成果物完成的大体内容,主要将其完成的功能、知识点之类的内容作简要的说明,同时也描述任务完成的程度。

（3）"存在问题"是指评审过程中由评审成员与成果物作者共同识别仍然存在的问题,需注意的是,这些对存在问题的描述以类别为单位,不需要将每个问题细节均在此处说明,若没有问题,此处一定要填入"无"。

（4）"评审意见"是对评审给出的修改建议,需要简单描述一下建议的理由,建议的类型事先明确,不能随便给出。

（5）"评审结论"是对本次评审给出的最终结果,根据此结果可以获知评审的结论类型,明确本次评审的成果物是完成了还是存在问题需要继续修改。

（6）"评审结论"是"通过"的情况下,并不说明"存在问题"一定是"无",也可以存在一定的小问题,需要稍作修改,但这些问题必定不是致命的,也不能是较大的问题,只能是一些不会造成大影响的问题。

（7）"备注"是对上述未尽事宜的补充说明。

（8）"11.4.2"中的第 7、8、10、11 点的说明内容同样适用于本文档。

11.15　项目文档模板

和前面所提供的模板不一样,前面给出的均是与品质保证相关的文档模板,而这里所讲的"项目文档模板"是针对每个项目所需撰写的文档设定的模板。这就带来一些问题,不同的项目其项目文档一定是不完全一样的。因此,其项目文档模板也是不完全相同的。第 10章例 10 - 2 和例 10 - 3,就是两个不同类型项目可能需要撰写的项目文档,需要提供相对应的文档模板。因此,本处并不提供项目文档模板,大家可根据项目需求自行确定。对与例10 - 2 相类似的软件项目所涉及的项目文档模板,大家可以参看本系列丛书中的其他分册。

11.16　项目总结报告模板

项目总结报告是在所需开发或建设的项目完成后,在提交最终结项评审之前,必须由项目经理撰写的。根据项目性质的不同,其项目总结报告也不同,即便是相同性质的项目,由于所在公司的不同其项目总结报告也不尽相同,因此,本处不提供项目总结报告的模板。本书第一篇——"项目经理岗位参考指南与实训"中提供了一种项目总结报告,大家可根据其模板结构在实际项目中进行适当使用,同时在第 12 章中,我们提供了一个品质保证员岗位操作的案例,其中也给出了该案例的总结报告,大家也可以以其作为参考,但实际项目操作中还是需要按所在公司的要求撰写项目总结报告。

11.17　本章小结

本章对品质保证工作所涉及或使用的各类文档的模板进行了定义和描述,主要给出了品质保证计划书、格式约定文档、日报表、周报表、月报表、项目检查情况表、会议纪要表、评审流程、评审申请表、评审会议通知、评审成员登记表、评审意见表、评审问题记录表、检查点列表、评审结论表、项目文档模板的样板及对这些模板在使用及填写过程中的注意事项、填写方式、涵盖的内容做了简要的描述,从而说明了每种模板的样式、内容、作用,以帮助大家做好品质保证的相关工作。对于从事软件行业品质保证员岗位工作的人员起到一个规范其实施操作方式及流程的作用。

需要提醒注意的是:上述提到的各类模板仅供参考,对于大家进行实际品质保证工作时起一个提示的作用,是否完全采纳或部分采纳由各品质保证员根据喜好、项目实际要求、项目组讨论结果进行确定,但上述模板是具有一定通用性的,也可直接运用到相应的项目中。

下一章,我们将给出一个实训项目让大家进行品质保证工作的训练,同时,通过某个已完成的项目案例对品质保证工作的实际操作流程做一个详细的叙述,以供参考。

11.18　本章实训

1. 将本章中所提到的各类模板用实际软件制作出来,形成相关的 Word 或 Excel 电子文档。

2. 本章给出的各类模板大部分为 Word 版本,想想能否将这些模板转换成 Execl 版本?转换后的模板既要保证完成原版本的要求,又要更便于使用和涵盖全面,试着做做。

3. 思考:在进行实际项目的品质保证工作过程中,可能还需要制作哪些品质保证文档模板? 试将这些模板制作出来。

4. 第 10 章的最后一个实训项目中,小张作为 B 公司的品质保证经理,参与了"商务时代"项目的品质保证工作,其已经制作好了品质保证计划书,现在还需要继续完成其他与品质保证相关的准备工作,如果你是小张,你会制作哪些品质保证工作所需的品质保证文档,其具体结构如何? 请完成。

第 *12* 章　品质保证员岗位实训任务与操作案例

本章通过一个实训项目来训练大家进行品质保证工作的方法,达到提高动手能力、增强操作技能的目的。为了让大家更好地掌握品质保证员岗位工作规范及流程,我们通过一个实际案例的操作过程让大家进一步理解该岗位作业在实际项目中的应用。

12.1　品质保证员岗位实训任务

品质保证员岗位实训,应该与采取项目小组形式开展的岗位实训同步进行。本章实训任务描述只起示范作用,可根据实际小组实训项目进行描述。

12.1.1　实训名称

图书管理系统品质保证工作

12.1.2　实训场景

每所学校都有图书馆,随着计算机的普及对图书馆的日常工作进行信息化管理已经成为必须的,这可以有效地提高管理效率,满足师生对图书资料查阅的需求。

12.1.3　实训任务

本图书管理系统要求完成图书信息管理、读者信息管理、借阅信息管理、打印管理等几个功能模块。每个功能模块均需完成相对应数据的增、删、改、查。本实训的任务是:你作为这个项目的品质保证员,针对这些功能模块的完成进行品质保证工作。

本实训的目的是强化品质保证员岗位职责,熟悉品质保证的基本流程,提升品质保证技能。

12.1.4　实训目标

知识目标:熟悉品质保证员岗位相关的知识点。

能力目标:能够制定合理的品质保证计划,制定项目所需的各类合格文档模板,并在实践中熟悉品质保证的基本内容,包括品质保证小组成立、品质保证规范的制定、项目实施的监控、进展的控制。

素质目标:沟通技巧以及组织协调。

12.1.5　实训环境

本实训是针对图书管理系统开发而进行品质保证工作,因此,在进行本实训前必须要进行图书管理系统的正式开发才能开展本项目,故本实训并不能独立存在,其必须依附于实际项目的开发。所以针对品质保证员岗位的实训最佳条件是在实际项目开发过程中同步进行。

12.1.6　实训实施

品质保证工作的实施过程可参看 12.2 所给出步骤进行,也可按第 10 章品质保证员岗位作业指导书的说明,利用第 11 章的各类模板自行拟定实施步骤,但要注意,主要流程不能出现错误。下面给出该项目实施的主要任务,以便参考。

任务一:组建图书管理系统品质保证小组

你作为品质保证经理组建项目品质保证组,最终给出品质保证小组的架构及每位成员的职责。

任务二:召开项目品质保证工作会议

你组织全项目组成员召开品质保证工作会议,讨论该项目的品质保证工作要求,最终给出品质保证工作会议纪要。

任务三:制定品质保证计划书

你按照品质保证工作会议的精神,制定适合该项目的品质保证计划书,最终给出品质保证计划书;同时,制定各类品质保证文档模块,可参考本书中给出的品质保证计划书和品质保证文档模板,也可在其基础上进行适当修改,让其更适合本实训的要求。

任务四:进行日常检查

你作为品质保证经理,在项目进行过程中,适量安排日常检查,填写项目检查情况表,给出某一子功能模块开发过程的项目进展报告(周报),最终给出一次周报和一次项目检查情况表即可。

任务五:组织阶段性评审

你需要至少组织一次阶段性评审,给出该次成果物评审的全部品质保证资料,例如,图书信息管理子模块的详细设计完成后,对其详细设计说明书进行评审,需要最终给出的品质保证资料有:评审申请表、评审会议通知、评审成员登记表、评审意见表、评审问题记录表、评审技术检查点列表、评审品质保证检查点列表、评审结论表。若在实训过程中还有其他相关的评审资料,也可一并给出。

任务六:结项评审

你需要在项目结项时组织项目结项评审,在评审结束后给出项目结项报告和项目结项评审结论表。

12.1.7　实训汇报

(1) 提交实训报告。

(2) 提交软件岗位实训报告附件。

必选附件:品质保证计划书、项目进展报告、评审形成的各类文档(评审申请表、评审会议通知、评审成员登记表、评审意见表、评审问题记录表、评审技术检查点列表、评审品质保证检查点列表、评审结论表)。

所有文档电子稿存档并上交;对于实训过程中产生的手写文档,需进行扫描或拍照形成PDF 格式文档存档并上交。

12.1.8　实训参考

实施步骤参考:品质保证员岗位作业指导书。

实施文档参考:软件品质保证文档模板。

实训案例参考:品质保证员岗位操作案例。

实训报告参考:软件行业岗位实训报告模板。

12.2　品质保证员岗位操作案例

12.2.1　任务场景

南京城市职业学院信息技术系 2008—2009 年对申报的江苏省教改课题《中低端软件人才实训基地建设》项目进行了深入研究,《软件人才实训平台》是其中的一个子项目。为了完成这一项目,南京城市职业学院信息技术系全体教师均参与到其中的需求分析工作中,分析软件行业项目经理、项目配置管理员、项目品质保证员、软件需求分析师、软件架构设计师、软件设计师、程序员、软件测试师八大岗位的需求,制定八大岗位的作业指导书及相关计划书、各类文档的模板,使学生对八大岗位的职责、工作规范、工作流程有一定的了解,提高学生从事这些岗位的实战经验。

12.2.2　任务目标

项目组设立品质保证员岗位,成立了品质保证小组,制定品质保证工作计划、品质保证规范,全程监控项目实施、进展和最终成果,保证《软件人才实训平台》子项目中对八大岗位的需求分析工作能够按时、保质、保量完成,并最终完成顺利通过省教改课题结项评审的工作目标。

12.2.3 任务实施

品质保证员进行品质保证工作需要依据本书第 10 章"品质保证员岗位作业指导书"的规范要求进行操作,但具体操作步骤和流程不必完全照搬,可根据实际项目情况灵活运用。因此,在本项目的整个实施过程中,品质保证员需要按以下步骤完成相关的品质保证工作任务。

任务一 品质保证工作组构建

项目组在项目经理的带领下对整个项目要达成的最终目标进行讨论,明确了本项目需要完成的是软件行业八大岗位,即项目经理、项目配置管理员、项目品质保证员、软件需求分析师、软件架构设计师、软件设计师、程序员、软件测试师的需求分析,主要包括八大岗位作业指导书的制定、各岗位说明书、计划书模板的制定及相关岗位所需使用的各类模板的制定的工作任务,明确项目目标后,项目组经讨论确定本项目品质保证经理(品质保证组长)的人选。

品质保证经理(品质保证组长)根据项目需要和项目组内各成员的性格特点、专业所长、技能水平组建品质保证组,最终构建的本项目品质保证组组织架构如图 12-1 所示。

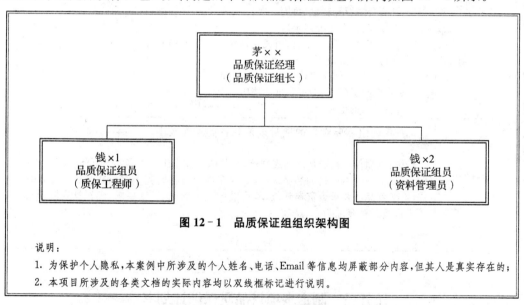

图 12-1 品质保证组组织架构图

说明:
1. 为保护个人隐私,本案例中所涉及的个人姓名、电话、Email 等信息均屏蔽部分内容,但其人是真实存在的;
2. 本项目所涉及的各类文档的实际内容均以双线框标记进行说明。

任务二 组织全项目组成员召开品质保证工作会议

品质保证组成立后,品质保证工作正式启动。首先,品质保证经理茅××召集品质保证组全体成员进行品质保证工作的初步分工,然后召集全项目组成员,安排合适的时间、地点召开品质保证工作会议,讨论本项目所涉及的品质保证要求。该品质保证要求并非品质保证组单方确定的,需要经过全项目组的讨论和认可后,由品质保证组执笔,进行后继品质保证工作要求的详细制定,因此,该工作会议实际就是全项目组对品质保证工作要求的大讨论。讨论得到结果后将形成品质保证工作会议纪要,以保存品质保证工作要求,本项目的品质保证工作会议纪要见表 12-1 所示。

表 12-1　品质保证工作会议纪要表

会议纪要表					
会议名称	软件人才实训平台项目之八大岗位需求分析子项品质保证工作会议			主持人	茅××
会议地址	503 会议室	会议日期	2008-4-12 9:00—11:00	记录人	钱×2
准时与会者	茅××、孔××、朱××、夏××、钱×1、钱×2、张×1、张×2、蔡××、桂××、井××、杨××、贾××、谭××、章××				
迟到人员	无				
缺席人员	无				
会议内容	1. 明确品质保证小组成员的职责(具体请见后续制定的品质保证计划书); 2. 确定项目的各里程碑点(本项目共有八个里程碑点,与八大岗位相对应); 3. 确定本项目研究的对象(主要是各岗位作业指导书、各类计划书模板、所涉及的表格模板); 4. 各类文档撰写的格式要求,具体的或更加详细的格式规则可在项目进行过程中不断修订(具体请见后续制定的文档格式约定文档); 5. 成果物走查/审查的流程(具体请见后续制定的品质保证计划书); 6. 项目例会的召开频度(每周一次); 7. 走查频度(根据需要确定); 8. 审查频度(成果物产出后,由成果物作者提交审查申请后,每个里程碑点至少一次,因此审查次数不少于八次); 9. 每次会议的时间跨度(不超过两小时); 10. 缺陷率制定(1/8,即每 8 页文档出 1 个错误/缺陷); 11. 由品质保证组对上述工作所需文档进行制定,制定完成后批送全项目组成员。				
存在问题	品质保证组需要制定的项目规范和各类模板较多,可能会影响后继工作的研究。 措施:品质保证组成员之间多交流,与其他研究小组多沟通,及时了解需求和规定,制定出适合本项目的品保资料,要求在本项目各研究小组正式开展工作后两周内,各项品质要求或资料到位,若后继产生了新问题、新要求,则根据实际情况再进行适当补充说明。				
备注	无				

任务三　制定本项目品质保证计划书

品质保证经理(组长)茅××根据召开的品质保证工作会议的精神制定软件人才实训平台项目之八大岗位需求分析子项的品质保证计划书,同时制定品质保证所需的各类品保资料模板。

任务 3.1　制定格式约定文档

本项目的主要任务是对软件人才实训平台项目之八大岗位进行需求分析,主要完成各岗位作业指导书、各计划书、说明书及相关模板的制定,其重点任务就是要进行大量的文档撰写工作,因此,对于品质保证工作而言,首先就是要给出所有文档的格式约定,才能让各项目组成员进行相关文档的编写工作。

　　根据本项目各文档的特点,品质保证经理与质保工程师根据已经召开过的品质保证工作会议精神制定了适合本项目的格式约定文档,其中主要包括:文档标题、目录、正文标题、图表标题、正文内容、图表内容、页眉页脚、文档模板、图表模板、其他等各方面的格式设置要求,具体格式要求如下所示:

软件人才实训平台
岗位需求分析
文档撰写规范
版本号＜1.0＞

文档信息

修订记录:

时　间	版　本	修订人	审核人	内　容
2008.4.14	0.1	茅××		创建本文档
2008.4.15	0.2	茅××		修改全文
2008.4.20	1.0	茅××	夏××	最终定稿

撰写此文档所应用的软件及版本:

Microsoft Office 2003;

Microsoft Office Visio 2003。

目　录

图目录

1 文档标题

文档标题字体统一采用隶书、30、居中、加粗、字体颜色为蓝色、字间距单倍。

2 目录

目录统一采用文档插入方式自动生成；

字体统一采用宋体、11、颜色为自动、显示页码、页码右对齐、水平居中小点格式；

"目录"两字采用宋体、三号、居中、加粗、颜色为自动；

如有图、表目录，需另起一行，格式参照目录要求。

3 正文标题

一级目录标题字体统一采用标题 1、宋体、四号、加粗、字体颜色为自动；

一级目录标题前面序号统一采用阿拉伯数字编号，如 1、2；

二级目录标题字体统一采用标题 2、宋体、小四、加粗、字体颜色为自动；

二级目录标题前面序号统一采用阿拉伯数字编号，如 1.1、2.2；

三级目录标题字体统一采用标题 3、宋体、11、加粗、字体颜色为自动；

三级目录标题前面序号统一采用阿拉伯数字编号，如 1.1.1、2.2.1；

四级目录标题字体统一采用标题 3、宋体、11、字体颜色为自动；

四级目录标题前面序号统一采用阿拉伯数字编号，如 1.1.1.1、2.2.1.1；

尽量保证目录标题在页首显示。

4 图、表标题

图、表、目录标题统一采用文档插入方式自动生成；

字体统一采用题注、黑体、小五、居中、字体颜色为自动；

图名置于图片下方，表名置于表格上方；

图、表编号统一自动顺序排列，如图 1、图 2。

5 正文内容

正文字体统一采用宋体、11、居左；

段落格式统一采用首行缩进 2 字符、单倍行距。

6　图、表内容

图、表整体统一采用居中格式,大小自行调节,不得超出文档范围;

表内字体统一采用宋体、9、水平居中、字体颜色为自动;

图、表位置须固定,以免排版时造成图、表位置随意变动;

尽量保证表格内容不分页,若必须分页,则第二页上的表格必须加表格标题,但在标题最右则添加"(续)"字样,同时第二页上的表格需添加标题行。

7　数字、项目编号设置

正文中的数字字体统一采用 Arial、11;

正文中一级数字编号按 1.、2.、3.方式进行编号;

正文中二级数字编号按(1)、(2)、(3)方式进行编号;

正文中三级数字编号按①、②、③方式进行编号;

正文中一级项目符号使用"◇";

正文中二级项目符号使用"➢";

正文中三级项目符号使用"●";

无论是数字编号还是项目符号,其层次不允许超过三层。

8　页眉和页脚

页眉、页脚字体统一采用宋体、小五、居中、字体颜色为自动;

页脚左侧文字格式要求为:文档名称;右侧插入页码,格式要求为:Page X,X 统一采用阿拉伯数字编号,如:1、2、3,且该页码自动生成;

页脚中右侧的页码下方要求插入当前日期(打开文档时的日期);

页眉文字格式要求,如×××公司。

9　英文缩写

英文缩写以标准缩写形式进行,对于只在本项目文档中出现的英文,其缩写规则是英文全称中每个英文单词的首字母,且均要求大写。

10　日期

日期采用"月/日/年"形式,例如:04/15/2008;

日期均使用自动生成方式插入;

正文描述中涉及的日期以"年月日"形式给出,例如:2008 年 4 月 15 日。

11　流程图

本项目中的流程图以跨职能流程图的形式给出,下方可以用表格形式对流程图中的每一阶段给出简要说明。

12　术语表

文档中所涉及的术语以表格形式给出中英文对照意思,并给出该术语的简单说明。

13　文档模板或标准

信息技术系文档撰写规范模板:见本文整体格式。若文档中涉及其他文档或模板的引用,可以附件方式粘贴于正文下方,或以超链接形式给出链接点。一般情况下,若是以前形成的或其他项目组成员制定的文档,以超链接形式给出;若是自己所编写的新文档或只属于该文档的附属文件,则以附件方式粘贴于该文档下方。

14　其他

总结类、管理类文档须添加版本号、修订记录等信息。

15　文档命名规则

文档命名以下列形式进行处理:
年份_项目名称/子项目名称_文档主题_撰写者/整理者/记录者/保存者/扫描者/复印者_日期;
由于类型不同的文档的命名规则不会完全相同,因此,可在需产生的文档模板下方给出该项文档的具体命名规则,或以新文档形式给出某一类文档的命名规则。

16　项目存档目录架构

项目所涉及的各类文档均要求置于相关的地方进行长期保存,本项目要求将文档保存在 FTP 服务器上,其保存的 FTP 目录架构如图 1 所示:

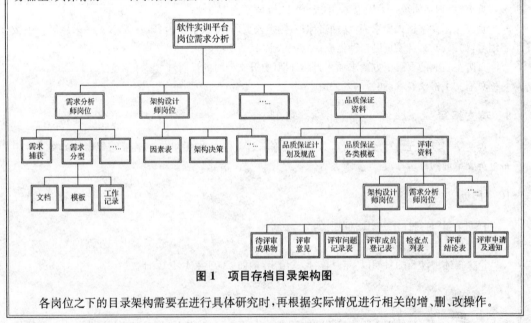

图 1　项目存档目录架构图

各岗位之下的目录架构需要在进行具体研究时,再根据实际情况进行相关的增、删、改操作。

说明:上述文档是针对此项目的格式约定文档,其中,目录里的页码是在该文档中的实际页码,而并非本书中的页码排列。

任务 3.2　制定品质保证模板

品质保证组制定好本项目的文档格式约定之后,提交项目组全体成员审核,通过后,品质保证经理按照文档格式约定开始设计本项目所需要的各类品质保证模板。

根据本项目的特点,所需要的品保模板主要分为会议纪要、日常检查和评审三类。由于本项目是对八大岗位的需求进行分析,因此,整个项目过程需分为八个子阶段,每个阶段又需要进行多次讨论研究,故会议的多次召开是不可避免的,每次召开会议均需要填写会议纪要以对会议内容进行保存,因而需要设计"会议纪要"模板;每个岗位的研究不是一两天可以完成的,而是需要一段时间来进行,项目小组需要在研究期间填写相关工作报表,根据本项目特点,要求项目组成员定期填写"周报表",同时在其研究的时间内需要不定期对其完成情况进行检查,并给出反馈意见,因此,需要使用到"项目检查表";每个岗位研究完成后,其研究成果物必须经过评审,通过后才算正式完成,因此,需要设计与评审相关的所有评审模板,主要包括:"评审成员登记表""评审意见表""评审问题记录表""品质保证检查点列表""技术检查点列表""评审结论表"等。这些报表的设计情况在第十一章中已经给出,这里就不重复了。

任务 3.3　制定项目缺陷率

本项目是进行八大岗位需求分析,主要产生的成果物是各种类型的文档,因此,缺陷率的制定相对简单。根据之前召开项目组品质保证工作会议的精神,项目组认可其缺陷率为 1/8,即每 8 页文档内容允许出现 1 个问题,若高于该要求,则文档必须进行修改以降低缺陷率。品质保证经理只要将该缺陷率成文并转告全项目组即可。

任务 3.4　制定品质保证计划书

有了文档格式约定、各类品保模板及制定好的缺陷率,品质保证组就可以进行品质保证计划书的制定了。本项目品质保证经理茅××根据之前的各种情况制定了适合本项目的品质保证计划书,主要涉及编写品质保证计划书的目的、定义、所需要遵循的标准、约定、日常检查和评审的流程要求、文档保存的要求等多方面,该品质保证计划书的具体情况如下所示:

软件人才实训平台

岗位需求分析

品质保证计划书

版本号＜1.0＞

分发清单:(按照人员姓名拼音字母顺序排列)

人 员	岗 位	地 点	联系方式
蔡××	架构设计师		1385××××××× c×××××@njtvu.edu.cn
桂××	架构设计师		1381××××××× gui××××@njtvu.edu.cn
贾××	架构设计师		1380××××××× fake××××@163.com
井××	架构设计师		1361××××××× Jh××××××@163.com
孔××	协调委员		1395××××××× kong×××@njtvu.edu.cn
茅××	品质保证经理		1361××××××× mao×××××@njtvu.edu.cn
钱×1	质保工程师 (品质保证组员)		1395××××××× qian××××@yahoo.com.cn
谭××	配置管理员		1385××××××× yixue××××××@126.com
钱×2	资料管理员 (品质保证组员)		139×××××××× qian××××@njtvu.edu.cn
夏××	项目经理		1385××××××× blues××××@hotmail.com
杨××	程序员		1385××××××× yang××××@163.com
章××	架构设计师		1350××××××× Zf××××@qq.com
张×1	架构设计师		1395××××××× zhang××@126.com
张×2	程序员		1380××××××× Zy××××@sina.com
朱××	项目管理员		1381××××××× Zhu××××@njtvu.edu.cn

文档信息

修订记录：

时　间	版　本	修订人	审核人	内　容
Aug. 31, 2008	0.1	茅××		创建
Sep. 3, 2008	0.2	茅××	夏××	初稿评审,全文修订
Sep. 22, 2008	1.0	茅××	夏××	终稿

授权修改此文档的人员列表：

名　字	岗　位	地点
夏××	项目经理	
茅××	项目品质保证经理	

撰写此文档所应用的软件及版本：

Microsoft Office 2003；

Microsoft Office Visio 2003。

目　录

1 引言

1.1 编写目的

本计划的目的在于对所开发的软件实训平台项目之八大岗位的需求进行相关分析,这一工作规定各种重要的品质保证措施,以保证项目团队按时、保质、保量地完成项目目标,保证所交付的成果满足项目要求,很好地完成项目计划书的要求。因此,以文件的形式将本项目的质量保证管理机构、任务、职责、评审和检查的方式或方法、软件的配置管理、质量保证所需的工具、技术和方法、质量保证过程及结果的记录、保存与维护等方面的内容加以确定,以此作为项目团队成员以及项目相关人员之间的共识与约定,保证项目有序、保质、保量地完成。

1.2 定义

无。

1.3　参考资料

1. 软件人才实训平台岗位需求分析项目计划书；

2. 软件人才实训平台岗位需求分析项目配置管理计划书。

2　管理

2.1　机构

本项目在整个开发期间,必须成立软件品质保证组负责质量保证工作。品质保证组成员的结构图如图 1 所示。

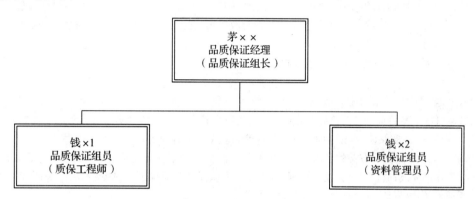

图 1　本项目品质保证组成员架构图

2.2　任务

软件品质保证工作涉及软件生存周期各阶段的活动,应该贯彻到日常的软件开发活动中,而且应该特别注意软件质量的早期评审工作。因此,要按照本计划的规定进行各项评审工作。软件品质保证组要派成员参加所有的评审与检查活动。评审与检查的目的是确保在软件开发工作的各个阶段和各个方面都认真采取各项措施来保证与提高软件的质量。

1. 日常检查

在软件人才实训平台岗位需求分析项目的建设过程中,日常要进行的活动包括:

a. 对于前一阶段评审所获得的意见监控及检查是否得已修改;

b. 针对产出的文档格式,检查其是否符合规范;

c. 检查布置的各项任务是否已经完成;

d. 检查项目配置项是否已经正式进入配置管理范畴。

在此期间均应填写的项目报表包括:

a. 项目组成员/子任务负责人(成果物作者)填写项目进展报告(周报);

b. 品质保证组填写项目检查情况表。

项目组可以通过项目进展周报表发现有关软件质量的问题和项目进展情况,品质保证组按要求不定期进行日常检查,并填写项目检查情况表对进展情况进行监控。

2. 阶段评审

要组织专门的评审小组,原则上由项目小组成员或特邀专家担任评审组长,评审小组成员应该包括项目委托单位或用户代表、品质保证人员、软件开发单位、上级主管部门的代表、其他企业专家,其他参加人员视评审内容而定。该评审在每一个里程碑完成后或在每个产出点进行,对前一阶段完成的任务进行评审,包括项目进度是否按时完成、进展是否顺利、是否存在缺陷,若有,存在哪些缺陷? 针对这些如何修改? 下一步工作如何进行? 最终给出前一阶段项目完成的质量等级及给出评审意见。

每一次评审工作都应填写：

a. 评审意见表；

b. 评审检查点列表；

c. 评审问题记录表；

d. 评审结论表；

e. 评审成员登记表。

3. 项目验收

又称为项目结项。必须组织专门的验收小组对软件实训平台项目之岗位需求分析子项进行结项验收，召开项目结项评审会议。验收工作应按照验收项目委托单位"南京城市职业学院信息技术系"与本项目组双方都认可的验收规程正式履行验收手续。验收内容为本项目的所有文档验收。具体验收规程另行制订。项目结项评审过程所需填写的表格有：

a. 上述阶段评审所要填写的所有表格；

b. 项目总结。

2.3 职责

在软件实训平台项目之岗位需求分析子项目的项目品质保证组中，其各方面人员的职责如下：

a. 茅××(品质保证经理)全面负责有关软件品质保证的各项工作，包括：品质保证计划书的制定；与软件品质保证工作有关的各项文档、表格的制定；分配品质保证组成员工作任务；监督品质保证各项工作的完成；监督评审会议的流程；负责审查所采用的品质保证工具、技术和方法；负责审核各类活动相关情况；负责进行评审工作的实施操作。

b. 钱×1(质保工程师)负责向品质保证经理提供品质保证工作建议；负责进行评审工作的具体实施操作，包括：各种相关表格的打印、发放，评审工作会议过程中的各项记录，整理记录内容，按记录内容分发给有关项目组人员，并督促其完成后继工作。

c. 钱×2(资料管理员)负责日常检查每个项目组成员工作的完成情况，包括：各种有关文档格式是否规范化；各种表格是否填写正确；是否按时提交阶段性工作产品至 FTP；在每次工作例会前，给出一份小组中每一成员工作完成情况的状态报告；负责汇总、维护和保存有关软件品质活动的各项记录。

3 标准、条例和约定

在软件人才实训平台项目之岗位需求分析子项目的进展过程中，还必须遵守下列标准、条例和约定：

a.《软件人才实训平台岗位需求分析项目计划书》，软件人才实训平台岗位需求分析项目小组编，2008 年；

b.《软件人才实训平台岗位需求分析项目配置管理计划书》，软件人才实训平台岗位需求分析项目小组编，2008 年。

3.1 文档书写格式约定

本项目的成果主要是软件行业八大岗位的作业指导书、相关计划书(项目计划书、配置管理计划书、品质保证计划书、测试计划书等)、相关说明书(需求规格说明书、概要设计说明书、详细设计说明书、编码约定等)、各种类型的表格模板，全部是文档型成果，因此，对于各类型文档的格式要求非常之重要，需要制定相关的文档书写格式约定，以保证文档格式一致。具体要求请见本章前面"软件实训平台岗位需求分析文档撰写规范"一文。

3.2　各种品保文档或表格

3.2.1　周报表

根据本项目的情况,我们设定以周报表的形式来汇报项目进展情况,其内容主要包括:项目完成情况、风险预测、上级批复几部分内容。

3.2.2　项目情况检查表

品质保证组需要定期或不定期对项目组的工作情况进行检查,其检查结果需要填入项目情况检查表中,该表中主要体现出"当前项目完成情况""存在问题""问题原因""检查建议""检查结论"和"结论反馈"等方面内容。其检查主要依据项目组成员填写的"周报表"和项目组成员的口头汇报等形式来完成。

3.2.3　会议纪要表

本项目组在项目进展期间,会定期或不定期地召开各类会议,每次会议的内容和要点均需要以会议纪要表的形式记录下来,以备项目组查阅和总结之用。其内容主要包括:会议的参会者、迟到者、缺席者、会议内容纪要和存在问题等内容。

3.2.4　评审工作流程

评审工作是本项目进行过程中品质保证的一项关键任务,因此,安排好评审工作非常重要。为了保证本项目评审工作的顺利进行,需要制定适合本系统的评审工作流程,具体流程请参见下面的4.2。

3.2.5　评审申请表

评审申请表是在成果物作者完成成果、需要提请品质保证组进行评审前所填写的表格,它主要包括:拟评审时间、拟聘请的评审员名单、成果情况简介等内容。

3.2.6　评审成员登记表

评审成员登记表是描述评审成员基本信息的表格,用以明确参与评审的人员名单。其主要包括:评审员姓名、职称、单位和签名等内容,其中的签名必须手动书写。

3.2.7　评审意见表

评审意见表是评审员在评审会议前填写评审意见的文档,起到对评审成果物进行预审的作用。其主要包括:拟评审时间、意见人、问题描述。

3.2.8　评审问题记录表

评审问题记录表是所有评审员所填评审意见表中所有问题的汇总表,是评审会议当天要进行依次讨论的基础表。主要包括:问题描述、意见人、问题类型、解决人、计划解决日期、实际解决工时等内容。

3.2.9　评审检查点列表

评审检查点列表用于存放进行品质保证工作过程中检查的条目明细。主要包括:检查类别、检查内容和是否合格几部分。评审检查点列表按内容可以分为品质保证检查点列表和技术检查点列表两种。前者主要用于存放格式类检查条目,后者则用于存放技术类(例如:内容、结构、代码、逻辑等)检查条目。

3.2.10　评审结论表

评审结论表用于保存评审的最终结果,其除了存放成果物完成情况说明外,主要用于描述成果物存在的问题、评审组给予的建议和评审的最终结论。

3.3　项目缺陷率

本项目的成果物全部是文档类型的成果,因此,其缺陷率主要以问题数进行衡量。在之前召开的品质保证工作会议上,经过全项目组的讨论并考虑本项目的实际需求,最终定下的缺陷率为 1/8,即每 8 页允许存在 1 个问题。

4 检查和评审

4.1 日常检查

4.1.1 检查内容

本项目进展过程中,日常状态下,品质保证员需要检查的内容主要包括:每位项目组成员所填写的项目进展周报和已检查过的项目情况检查表内容。前者主要是监控、监测项目组成员的日常工作是否已经完成,对其中所提及的成果物进行文档格式检查,判断其是否符合规范,项目的配置项是否符合配置管理要求;后者则是检查上次检查的结果作者是否给出反馈,若未给出相应反馈,则及时提醒相关人员进行后继工作的处理。

4.1.2 检查时间

随机进行,即品质保证组根据项目进展情况随机确定检查时间,但要求必须在正式检查前一周通知将被检查的成果物作者做好准备。

4.1.3 检查输出

项目情况检查表。

4.2 各岗位作业指导书评审

4.2.1 定义

作业指导书是指为保证过程的质量而制订的工作流程,有时也称为工作指导或操作规范、操作规程、工作指引等。

4.2.2 作用

作业指导书是保证过程质量的最基础的文件,以及为开展纯技术性质量活动提供指导,是质量体系程序文件的支持性文件。

4.2.3 形式

本项目要求提供书面形式的作业指导书,内容需包含软件实训平台各岗位的工作流程(WORD文档+VISIO流程图+EXCEL表格)。

4.2.4 内容与要求

1. 内容

×××岗位作业指导书:描述某岗位的职责与操作流程。

(1)×××计划书:用于描述某岗位的工作计划,不同岗位的职责、操作规范是不一样的,所需要完成的工作亦不相同,因此,在工作开始之初做好相关工作的计划,对于按时完成各项工作非常重要。本项目中所涉及的计划书主要有:项目计划书、配置管理计划书、品质保证计划书、测试计划书等内容。计划书的制定涵盖于各岗位的作业指导书中,属于岗位操作流程中的一步。

(2)×××说明书:用于描述某一岗位工作任务结束后,最终需要产生的成果物。本项目所需完成的说明书主要有:需求规格说明书、架构说明书、概要设计说明书、详细设计说明书等。说明书是各岗位作业指导书操作流程中最终产生的成果物。

(3)与各岗位相关的模板:各岗位作业指导书中涉及了多个操作步骤,每个操作步骤均可能需要填写相关的文档以记录或总结工作情况,因此,需要制定与其相对应的文档模板。

上述三类文档实际上均属于岗位作业指导书的范畴,是对作业指导书的有力补充,在作业指导书中必须涉及这些内容,但不必直接出现这些内容,可以以附件形式给出,并在作业指导书中以超链接形式实现跳转。当然也可不以超链接形式给出,但必须进行相关说明,并告之在其他什么地方可以看到上述内容。

2. 要求

作业指导书制定需满足以下原则：

（1）Where：在哪里使用此作业指导书；

（2）Who：什么样的人使用该作业指导书；

（3）What：此项作业的名称及内容是什么；

（4）Why：此项作业的目的是干什么；

（5）How：如何按步骤完成作业。

3. 格式

作业指导书需按给定的模板进行描述，该模板详见"×××岗位作业指导书"一文。

> 该作业指导书模板就是前面提到的"项目文档模板"，这里当然是针对本项目而言，换一个新项目，其项目文档模板必须根据新项目而改变。

4.2.5 评审时间

在每个里程碑完成后或每个产出点进行，即每个岗位的作业指导书完成并经作者向品质保证组申请后，由品质保证组统一组织评审。

4.3 项目监控

4.3.1 项目监控点描述（见表 1 所示）

表 1 本项目各监控点明细

序号	名称	阶段	日程	描述
01	项目启动会议	初始阶段	200803	讨论项目启动事项
02	项目计划书	定义阶段	200803	完善项目初始阶段的项目计划
03	各岗位需求规格说明书初稿	定义阶段	200804—200909	岗位需求正确性和可行性确认
04	各岗位需求规格说明书终稿	评审阶段	200910—200912	根据项目计划书来对已产生的各岗位需求规格说明书进行终审
05	项目结项报告	终止阶段	200912	对项目进行总结，得出结项报告

4.3.2 监控措施（见表 2 所示）

表 2 本项目监控措施明细

监控项	监控负责人	监控对象	周期	发起时间	持续时间
项目例会	项目管理组	项目组全体成员工作任务	每周	周日 9:00	1.5 h
项目成果物评审会	品质保证员	项目成果物	成果物产出	成果物已产出	2 h
项目品质保证会议	品质保证员	项目进展状态	每月	每月第一周周日 14:00	2 h

5 软件配置管理

利用自行配置的FTP服务器来存放本项目所产生的各类软件、文档等数据,具体的存放目录架构详见"软件实训平台岗位需求分析文档格式约定"一文。

6 工具、技术和方法

6.1 工具

本项目主要是进行各软件岗位的需求分析,其产出都是项目文档,因此,需要用到的工具主要有:

1. Office 2003:用于编写各类文档;

2. Visio 2003:用于绘制各类图。

本项目中要绘制各岗位的工作流程图,利用 Microsoft Visio 2003 进行绘制,使用方法是:运行 Microsoft Visio 2003,单击"文件"菜单,鼠标移动到"新建"选项,移动到"流程图"子选项,单击"跨职能流程图"子选项,在弹出的对话框上,单击"垂直"单选钮,单击"确定"按钮,然后按你的需求进行相关流程图的绘制。

6.2 技术

无。

6.3 方法

本项目只采用审查方式对各类成果物进行评审。

6.3.1 审查

6.3.1.1 概念

审查是一种非常正式的评审方式。评审方式持续时间比较长,成本开销也比较大。

6.3.1.2 参与角色

1. 作者

待审查成果物(本项目中特指各软件岗位作业指导书)的制作者,参与评审工作,向评审员介绍内容,解答评审人员的疑问,修复文档缺陷。

2. 评审员

评审指定的作业指导书成果,提交评审记录意见。

3. 品质保证员

选择评审人员,明确评审人员的职责,确定评审的时间表,发布评审通知,发放评审资料;评审会议开始前,收集汇总评审意见,主持评审会议,控制评审会议的进程和气氛,记录评审结论,提供评审方式的指导和支持,评估评审活动开展的规范性(抽查),分析评审的效果(定期活动)。

6.3.1.3 输入

待评审的成果物(特指软件岗位作业指导书)。

6.3.1.4 进入准则

待评审的成果物已经完成,经过了修饰,基本没有语言文字方面的错误。

6.3.1.5　评审流程

工作流图见图 2 所示。

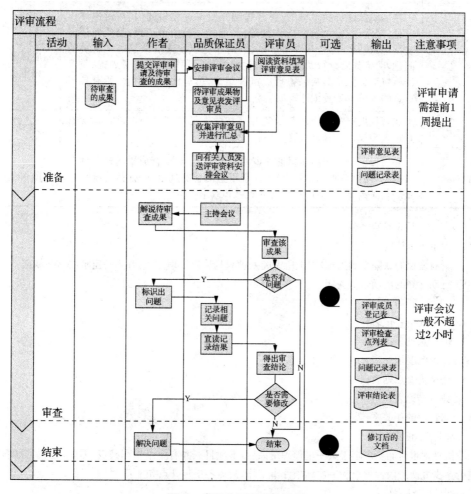

图 2　成果物评审工作流图

工作流图的步骤说明见表 3 所示。

表 3　成果物评审工作流图步骤说明

具体活动	说明	角色
准备	作者提交待审查成果和评审申请后,满足入口准则,品质保证小组确定审查会议的组织者,组织者确定记录员及主持人;确定评审时间表;向相关人员发送评审通知和相关准备材料;确定参与的审查人员名单;审查员阅读待评审成果,填写评审意见表和技术评审检查点列表,在规定时间内将其发送给品质保证员	作者 品质保证员 评审员

（续表）

具体活动	说明	角色
审查	在品质保证员的主导下,作者详细介绍审查成果的内容;讨论评审意见,澄清误会和分歧,标识缺陷,品质保证员给予记录;品质保证员宣读记录结果,作者和评审员确认;对于标识出来的缺陷和未解决的问题,明确其后续行动计划及验证办法,填写评审问题记录表;品质保证员将审查记录的结果整理成审查结论,填写评审结论表;所有参与审查的人员都要登记评审成员登记表	作者 品质保证员 评审员
结束	作者根据审查结论修复缺陷并请相关人员验证,如有必要,再次召开审查会议;上报修订后的文档	作者
品质保证	品质保证员给出品质保证评审检查点列表,对审查成果的规范性进行检查,提供审查的指导;可以抽查审查活动的规范性,并按月统计审查的相关数据,评估审查活动的效果和效率	品质保证员

6.3.1.6 评审结束条件

1. 评审人员认可评审结论;

2. 所有发现的缺陷得到处理(这里所说的处理只是给出处理方式,并不一定解决这些缺陷);

3. 行动计划的活动全部关闭。

6.3.1.7 评审输出

1. 评审成员登记表;

2. 评审意见表;

3. 评审问题记录表;

4. 评审检查点列表;

5. 评审结论表;

6. 修订后的相关文档。

6.3.1.8 评审时间

阶段性评审时间一般定于某一里程碑结束后,本项目一共有十个里程碑点,因此,在项目过程中要进行至少九次阶段性评审和一次结项评审工作,具体各里程碑点如下:

1. 项目启动完成;

2. 项目经理岗位分析结束;

3. 配置管理员岗位分析结束;

4. 品质保证员岗位分析结束;

5. 需求分析员岗位分析结束;

6. 架构设计师岗位分析结束;

7. 软件设计师岗位分析结束;

8. 程序员岗位分析结束;

9. 软件测试师岗位分析结束;

10. 项目结项完成。

6.3.1.9 评审方式

依据项目计划进行。

6.4 评审状态

对于一个复杂的评审过程而言,成果物在评审过程的不同时期会处于不同的状态,根据成果物所处状态即可知道评审大致到达哪一步,因此,对于每一个参与评审的成果物都要确定其所处状态,以提供给所有参与项目开发和评审的人员。根据项目的特点,本项目成果物所处的评审状态有以下几种:

1. 未审:指某成果物已经完成,但尚未提出评审申请时所处的状态;

2. 待审:指某成果物已经完成,需要进行评审并已提交评审申请,但尚未进行评审时所处的状态。通常成果物作者一旦向品质保证组提交评审申请后,该成果物即自动处于本状态;

3. 预审:指某成果物已经提交评审申请,品质保证组给予应答,各评审员对成果物初步非正式评审时所处的状态,一般在品质保证组将成果物和评审意见表下发各评审员后,该成果物即自动处于本状态;

4. 正审:指某成果物已经在进行正式评审时所处的状态,一般情况下,召开评审会议时,该成果物即自动处于本状态;

5. 待修订:指某成果物某次评审已经结束,但存在有关问题,需要进行修改时所处的状态;

6. 已修订:指某成果物在评审中发现的问题已经得到解决时所处的状态;

7. 已审核:指某成果物已经经过评审,并且已经通过评审,不需要再做修改,该成果物已经合格时所处的状态。

其中,可能经过的状态为:1、2、4、5、6、7,最终所有的成果物均必须处于第七种状态,整个项目才能进行结项处理。

6.5　评审问题

在对某一成果物进行评审时,评审过程中需要填写评审问题记录表,该表中涉及所提问题的解决类型,这是指在评审过程中已经对问题采取的处理方式或者指该问题所处的状态。该指标可以表明对该问题今后需要采取什么样的方式进行后继处理。本项目评审中所遇到问题解决类型有:

1. 未解决:指被提及的尚未得到处理的问题;

2. 无需解决:指某些被提及的但不会对项目造成影响,可以不用处理的问题;

3. 需解决:指被提及并且必须进行处理的问题;

4. 已解决:指被提及并且已经处理完毕的问题;

5. 已删除:指被提及但与项目本身无关,或因为个人理解原因造成误解,实际不存在的,或可能该问题并非在该成果物中涉及而是需要在其他成果物中解决的、可以从本项目中去除的问题。

7　记录收集、维护和保存

在软件实训平台项目之岗位需求分析子项目的研究期间,需要进行各种软件质量保证活动。准确记录、及时分析并妥善保存有关这些活动的记录,是确保软件质量的重要条件。在软件品质保证组中,应有专人负责收集、汇总与保存有关软件质量保证活动的记录。

7.1　责任人

1. 审核者:(品质保证经理);

2. 组织与实施者:(品质保证经理/质保工程师);

3. 记录人:(品质保证组员(资料管理员));

4. 日常检查者:(品质保证组员(资料管理员));

5. 收集、汇总与保存人:(品质保证组员(资料管理员))。

7.2　内容

需要记录和保存的项目见表 4 所示。

表 4　记录和保存明细表

类型	记录和保存项目明细	要保存的期限
成果物	各岗位作业指导书、说明书、计划书及各类模板	整个项目开展周期及项目结束后
日常检查	周报表、项目情况检查表	整个项目开展周期及项目结束后
阶段评审	阶段评审申请表、评审成员登记表、评审意见表、评审问题记录表、评审检查点列表(品质保证和技术)、评审结论表	整个项目开展周期及项目结束后
结项评审	同"阶段评审",只是最后为结项评审结论表	整个项目开展周期及项目结束后

8　附录

本项目中所涉及的所有有关文档及概要目录:

1. 评审流程.doc
2. 会议纪要.doc
3. 周报表.doc
4. 评审申请表.doc
5. 评审意见表.doc
6. 评审检查点列表.xls
7. 评审问题记录表.doc
8. 评审结论表.doc
9. 评审成员登记表.doc
10. 文档格式约定.doc
11. ×××岗位作业指导书模板.doc
12. 流程图模板.JPG

任务 3.5　评审品质保证计划书

品质保证计划书制定好后,必须经过评审,通过后才可以按此计划书的要求进行项目的品质保证工作。由于本项目组成员对于此类工作缺乏足够经验,因此,未采取全项目组正式评审的方式进行,而是采取了请本项目初建时由企业内部所聘请来的专家,也就是本项目的项目经理"夏××"个人走查的方式进行。具体过程如下:

(1)9月2日,品质保证经理茅××向项目经理夏××提出走查品质保证计划书的要求,两人面对面对已经形成的品质保证计划书初稿进行了走查,讨论各种修改意见;

(2)9月3日,品质保证经理茅××根据前一天讨论的情况,对品质保证计划书进行了书面的全文修订;

(3)9月20日,品质保证经理与项目经理再次进行走查讨论,确定进一步的修改意见,明确修改成形的定稿标准;

(4)9月22日,品质保证经理根据讨论进一步修改品质保证计划书,形成终稿;

(5)项目经理根据修改好的品质保证计划书终稿给出评审结论。

本次形成的品质保证计划书评审结论情况见表 12-2 所示。

表 12－2　品质保证计划书评审结论表

评审结论表				
成果名称	软件实训平台岗位需求分析品质保证计划书			
评审日期	2008.9.23	评审性质	■ 审查	□ 复审
评审成员	夏××、茅××、孔××			
项目完成的总体情况	本品质保证计划书从计划书撰写的目的,品质保证管理机构的组成、职责,品质保证工作的具体内容,品质保证使用的方法,各类文档保存的要求等多方面描述了品质保证工作,明确了本项目品质保证工作的主要内容,对本项目的完成可以起到相关的作用			
存在问题	无			
评审意见	不需修改 所有问题已在前两次走查后修改完善,目前已无明显问题			
评审结论	通过			
备注	无			

评审意见分为四类:不需修改,稍作修改,做重要修改,要重新评审,并给出每项的理由;

评审结论:通过,不通过,未评审结束。

评审组长签字:夏××

任务四　日常检查

品质保证计划书通过评审后,即可按品质保证计划书的要求对整个项目过程进行相应的品质保证工作。本项目中的品质保证工作主要分为日常检查、阶段评审和结项评审三类工作。其中日常检查是不定期的,由品质保证组根据实际情况随机进行检查,但要求在检查的前一周通知被检查者做好准备。检查的内容主要是被检查者所填写的周报表和实际成果的完成情况。需要注意的是,品质保证组成员主要负责的是品质保证工作,即主要检查被检查者是否完成相关工作、是否按要求完成相关工作(主要包括:文档撰写格式是否符合要求、是否按期完成相关工作周报等)、对前期检查工作是否给予反馈等内容,并不包括被检查者成果完成的内容质量,这方面检查是必须通过评审会议来完成的,不是品质保证组成员个人所能完成的部分。

日常检查工作在整个项目周期中是不定期的、随机的,也是多次的活动,因此,不可能将所有的日常检查情况都一一列举,所以下面给出了本项目"软件架构设计师"岗位需求分析子项目中的一次日常检查情况。

本项目周报以小组为单位进行汇报,因此,周报均由项目负责人进行填写,小组内部成员研究情况由小组成员自行向小组负责人汇报,不做书面汇报要求。该次日常检查的时间发生在"架构设计师"岗位需求分析研究工作开始的一周后,该次检查的目的是检查该项目小组的研究工作是否按期开展,不会发生延后情况。该岗位研究小组成员包括:蔡××、桂××、杨××、张××、贾××,其中蔡××是该研究小组的负责人。按照小组的研究计划,该岗位应按照因素表、架构决策、架构设计(包括分析类、逻辑视图、开发视图、进程视图、部署视图、数据视图和接口)、架构验证、完成 SAD 和架构评审各子项进行岗位职责分析,每个小组成员负责其中的一个或多个子项目的研究工作。本次日常检查发生于 2008 年 10 月 14 日,其检查过程如下:

(1) 品质保证组于 2008 年 10 月 8 日通知其小组负责人蔡××将于 2008 年 10 月 14 日进行日常检查;

(2) 2008 年 10 月 14 日,品质保证组派出质保工程师钱 X1,对其所报周报及作业指导书进行检查。

本次被检查的周报表和项目情况检查表分别见表 12 - 3、表 12 - 4 所示。

表 12 - 3　周报表

南京城市职业学院
软件实训平台岗位需求分析
2008 年度进展报告

所属单位	信息技术系	报告人	蔡××	报告日期	10.14
项目名称	\"架构设计师\"岗位需求分析之作业指导书				
汇报周期	10.08	到	10.14	汇报频次	周报
进展情况	1) 完成了研究小组的构建和小组成员研究工作的分工:蔡××负责进程视图、部署视图、数据视图、架构评审子项及架构设计师岗位的研究;桂××负责分析类、逻辑视图、开发视图子项的研究;杨××负责架构决策、架构验证子项的研究;贾××负责因素表子项的研究;张 X1 负责接口子项的研究; 2) 进程视图、部署视图、数据视图、架构评审、分析类、架构决策、架构验证、因素表、接口子项已开始撰写初稿。				
风险预防	小组成员对于架构设计师岗位的工作职责情况不是十分了解,专业知识不够明确,因此,分析起来有一定的困难。 措施 1:向企业专家请教; 措施 2:上网查阅相关资料; 措施 3:小组成员进行讨论。				
管理者反馈留言	已了解,将聘请相关企业专家进行交流 孔×× 2008.10.14				

注:

1. 文件名命名规则:200×春/秋_软件实训平台岗位需求分析_×××岗位_周报_×××_200×××××

2. 存档地点:FTP://软件实训平台岗位需求分析/×××岗位需求分析/工作记录

3. 汇报频次:周报;截止时间:每周二 17:00 前。

表 12－4　项目情况检查表

项目情况检查表

项目名称	软件实训平台岗位需求分析		
项目类别	☐ A01 项目经理　　☐ A02 配置管理员　　☐ A03 品质保证员 ☐ A04 需求分析师　■ A05 系统架构师　　☐ A06 系统设计师 ☐ A07 程序员　　　■ A08 软件测试师		
项目负责人	蔡××	检查人	钱×1
检查日期	2008.10.14	填表日期	2008.10.14
检查性质	■ 常规检查　　　☐ 初次完成　　　☐ 修改完成		
检查情况	1. 架构设计师研究小组已组建完成； 2. 小组成员分工完成，研究工作按计划时间正常开展； 3. 进程视图、部署视图、数据视图、架构评审、分析类、架构决策、架构验证、因素表、接口等子项的作业指导书已经开始撰写初稿； 4. 周报中未提到的逻辑视图和开发视图亦已开始撰写初稿； 5. 每个文档格式均符合品质保证要求。		
存在问题	1. 各类子项撰写时间基本一致，无法体现其先后顺序。		
问题原因	项目小组成员对"架构设计师"岗位工作流程不清楚。		
检查建议	1. 聘请企业专家来校与各位研究成员进行交流，了解架构设计师所需具备的能力及所需要完成的工作要求等内容； 2. 小组成员间要多交流，明确各子项的关系，尽快给出总的流程。		
检查结论	☐ 按时完成 ■ 需要进一步修改 ☐ 不符合要求，需要重新进行		
结果反馈	☐ 问题删除(品质保证小组所提问题不正确，无需理会) ☐ 已修改完成 ☐ 无法完成		

（3）钱 X1 根据检查情况填写项目情况检查表见表 12－4 所示，并将其交予该小组负责人蔡××，同时上报品质保证经理存档；

（4）蔡××接收到此情况检查表后，对其中给出的意见进行相应的反馈，其认为品质保证组提出的问题是不存在的，因为研究工作完全可以同时进行，不是只有前一项工作研究完成后才能进行后一项工作的研究，且这些子项中有些本身就是并行的，因此，其向品质保证组和项目经理夏××反映情况得到认可后，直接在上述表格中将最后一项"结果反馈"中的"问题删除"选中，并将该结果重新反馈给品质保证组；

（5）品质保证组收到蔡××小组给出的反馈意见后，将该项目情况检查表正式保存于FTP服务器上，本次日常检查正式结束。

需要说明的是：并不是每一次的日常检查都是这样的情况，还有两种情况可能发生：一种是品质保证组检查出的问题被检查者认可，被检查者会根据品质保证组提出的问题进行相关修改，并选择"已修改完成"，再反馈给品质保证组；另一种是被检查者认为"无法完成"，则品质保证组要给出及时响应，无法解决时，提交整个项目组召开项目会议来讨论解决办法或直接删除该问题，但需注意，直接删除该问题必须要得到客户的同意，若客户不同意，则将该问题作为缺陷进行处理。

这种日常检查的品质保证工作在整个项目展开期间是一直存在的，次数不一定很多，但每个子项中至少要有一次检查，以确保项目的顺利进行，若期间一次不查，将问题全部放于评审阶段，除工作量大之外，更可能会影响项目的完成进度。

任务五　阶段性评审

本项目共分为十个阶段，拥有八个里程碑点，这些在品质保证计划书中已经给出。除了项目启动和最后的结项评审之外，其他八个里程碑点都需要进行阶段性评审，以评审前一阶段所产生的成果物是否符合要求，项目组是否能进入下一阶段的研究。

根据本项目的里程碑点设置情况，本项目共需进行至少八次阶段性评审（注意，如果某一里程碑点评审不止一次，则阶段性评审次数会大于八次，但一般要求每一里程碑点的评审次数不超过两次，也就是说，要求某一阶段的成果物必须无大错，即符合评审要求后才可以提出评审要求，不能无限制地多次评审）。每次评审除时间、内容、参与人员有所不同之外，其余的流程及需完成的工作是一致的，因此，此处只以"架构设计师"岗位需求分析阶段性评审为例，说明本项目阶段性评审的流程和完成情况。

阶段性评审大致的运行流程如下：

（1）2009年1月30日，"架构设计师"岗位需求分析研究小组负责人蔡××向品质保证组品质保证经理茅××提出评审申请，其递交的评审申请表见表12-5所示，同时将待评审成果物一并提交：

表 12-5　评审申请表

评审申请表			
项目名称	"架构设计师"岗位需求分析		
申请日期	2009.1.30	评审性质	■ 审查　　□ 复审
拟评审日期	2009.2.8	申请人	蔡××
拟聘请评审人员	评审组长：夏×× 评审成员：林××、孔××、张×1、茅××、张×2、井××、蔡××、杨××、朱××、钱×1、桂××、贾××、谭××		

（续表）

成果物情况简介	本成果主要是架构设计师岗位作业指导书。主要内容包括:因素表、5 视图、分析类、架构验证、架构决策、架构评审、接口等子项作业指导书的编写,以及各项内容间的流程顺序,明确了架构设计师的工作职责和内容。

注:
1. 文件名命名规则:200×秋_软件实训平台岗位需求分析_×××岗位_评审申请表_×××_200×××××
2. 存档地点:FTP://软件实训平台岗位需求分析/品质保证资料/评审资料/×××岗位/评审申请和通知

（2）品质保证经理茅××收到此申请后,审核其申请日据拟评审日期超过一周,同时,其提交的待评审成果物符合评审要求,正式接纳蔡××提交的评审申请。

（3）品质保证经理开始安排品质保证工作,决定本次评审工作由自己全权组织和召开,请钱 X2 安排评审当天的场地、使用器械等准备工作。

（4）品质保证经理准备好评审意见表、技术检查点列表、待评审成果物,全体打包,于 1 月 31 日发予拟聘请的所有评审员进行事先的预评审,并要求所有评审员将评审意见表和技术检查点列表于 2 月 3 日 17:00 前反馈给品质保证经理,见表 12－6 所示是其中一位评审员反馈的评审意见表。

表 12－6　评审意见表

评审意见记录			
项目名称	软件人才实训平台岗位需求分析	子项目名称	架构设计师岗位需求分析
评审日期	2009.2.8	评审性质	■ 审查　　□ 复审
意见人	孔××	填表日期	2009.2.2
编号	问　题　摘　要		
1	架构设计说明书模板:增加 7.1.x 第 n 个类 7.1.1.1　分层——小标题编号不对 7.3.2——增加技术框架结构示意图 7.3.3——增加架构分层及组件示意图 7.3.4——增加目录结构图 7.4——进程视图到底包含哪些图,增加示意图(在进程视图作业指导手册中) 7.5——部署节点示意图、配置分布示意图、配置网络架构图 7.6.2　描述数据模型——增加示意图、ER 图、对象模型(类图)、数据表的结构 7.6.4——增加"数据的访问与表示"示意图 7.6.5——"数据同步"方案示意(在数据视图作业指导手册中产生) 8——应该由"接口作业指导书"的研究者,提供该部分输出的模板 　8.1——"内部接口设计表(图)"(在"接口作业指导书"中研究) 　8.2——"外部接口设计表(图)"(在"接口作业指导书"中研究) 　8.3——"用户接口设计表(图)"(在"接口作业指导书"中研究) 9——架构验证指标 　缺少架构验证指标表(在"架构验证指导书"中研究) 10——缺少架构设计师岗位作业指导书 　缺少架构设计流程图		

（续表）

编号	问 题 摘 要
2	架构设计师岗位因素表作业指导书中 架构设计师岗位因素表作业指导书——更名为架构设计师岗位因素表分析作业指导书文中首次出现缩写时,如 SRS、FURPS 等,需要有中文名称 2.3　工作流步骤说明 　本节应该解释工作流图中,各活动的目的。参见"需求分析员岗位用例建模阶段作业指导书" 2.3.1　因素表结构 　本节给出因素表结构,并说明哪些列是需求分析阶段确定,哪些列是架构设计阶段确定 2.3.2　根据 FURPS＋模型确定需求子类别 　本节需要给出本活动目的,以及用于确定因素表中哪列数据;具体操作指导可参见 2.4.1 2.3.3　确定关键功能需求 　本节需要给出本活动目的,以及用于确定因素表中哪列数据;具体操作指导可参见 2.4.2 2.3.4　确定关键非功能需求 　本节需要给出本活动目的,以及用于确定因素表中哪列数据;具体操作指导可参见 2.4.3 　文中"在 SRS 的需求描述列表中增加 3 列"——请注明与需求分析员岗位对应一致的文件名和表格名
3	架构设计师岗位架构决策作业指导书 修订记录:没有填写 应该按照品质管理要求的写作模板展开 1. 输入 2. 工作流 　2.1　架构决策概述 　　2.1.1　什么是架构决策 　　2.1.2　模式 　　2.1.3　框架 　2.2　架构决策工作流图 　2.3　架构决策工作步骤描述 　　2.3.1　采集 　　2.3.2　确定 　2.4　架构决策工作步骤说明 　　2.4.1　架构决策人 　　2.4.1　模式采集方法 　　2.4.2　模式确定方法 3. 输出
4	架构设计师岗位分析类作业指导书 2.3.2　描述分析类属性及关系——改为"描述分析类" 架构设计师岗位逻辑视图架构作业指导书 1. 输入——(普遍问题,标明输入的来源) 　SRS——标明需求分析岗位作业输出 　因素表——标明… 　分析类——标明…

（续表）

编号	问 题 摘 要
5	架构设计师岗位接口作业指导书 修订记录：没有填写 研究并清楚描述：内部接口设计表（图）、外部接口设计表（图）、用户接口设计表（图） 输出，没有明确
6	架构设计师岗位架构验证作业指导书 本文只是描述了架构验证的技术依据，缺少对验证哪些性能指标的研究 修订记录：没有填写 应该按照品质管理要求的写作模板展开 1. 输入 　选定架构模式；或自定义架构模式（因素表、分析类、5 大视图等） 2. 工作流 　2.1　工作流图 　2.2　工作流步骤说明 　　2.2.1　架构验证概述 　　2.2.2　验证指标设计 　　（架构验证指标表——建议从因素表中加以考虑） 　　2.2.3　架构原型开发 　　2.2.4　架构原型运行性能登记 　　2.2.5　架构质量判断 　2.3　工作流步骤作业指导 　　2.3.1　架构原型技术及分类 　　2.3.2　架构质量判断方法 3. 输出 　架构验证指标表

注：
1. 文件名命名规则：200×春/秋_软件实训平台岗位需求分析_×××岗位_评审意见表_×××_200×××××
2. 存档地点：FTP：//软件实训平台岗位需求分析/品质保证资料/评审资料/×××岗位/评审意见表

（5）品质保证经理茅××接收到所有评审员反馈的评审意见表和技术检查点列表后，于2月4日开始对所有这些表格进行整理，最终形成评审问题记录表和技术检查点列表并制定品质保证检查点列表，见表12-7、表12-8和表12-9所示：

表 12-7　评审问题记录表

评审问题记录			
项目名称	软件人才实训平台岗位需求分析	子项目名称	架构设计师岗位需求分析
评审日期	2009.2.8	评审性质	■ 审查　　□ 复审
记录人	茅××		
其中问题类型分为：未解决，无需解决，需解决，已解决，已删除			

（续表）

编号	问 题 摘 要	提出人	问题类型	谁解决	计划解决日期	实际解决工时(h)
1	总体流程上不可能只有一个需求分析员	夏××				
2	架构设计说明书模板：增加 7.1.x 第 n 个类 7.1.1.1 分层——小标题编号不对	孔××				
3	架构设计说明书模板： 7.3.2——增加技术框架结构示意图 7.3.3——增加架构分层及组件示意图 7.3.4——增加目录结构图	孔××				
4	架构设计说明书模板： 7.4——进程视图到底包含哪些图，增加示意图 7.5——部署节点示意图、配置分布示意图、配置网络架构图 7.6.2 描述数据模型——增加示意图、ER图、对象模型(类图)、数据表的结构 7.6.4——增加"数据的访问与表示"示意图 7.6.5——"数据同步"方案示意	孔××				
5	架构设计说明书模板： 8——应该由"接口作业指导书"的研究者提供该部分输出的模板	孔××				
6	架构设计说明书模板： 9——架构验证指标 缺少架构验证指标表	孔××				
7	缺少架构设计师岗位作业指导书 缺少架构设计流程图	孔×× 茅××				
8	因素表作业指导书——更名为架构设计师岗位因素表分析作业指导书 文中首次出现缩写时，如 SRS、FURPS 等，需要有中文名称	孔××				
9	因素表作业指导书： 2.3 工作步骤说明 需解释工作流图中各活动的目的	孔××				
10	因素表作业指导书： 2.3.1——给出因素表结构；需说明哪些列是需求分析阶段确定，哪些列是架构设计阶段确定	孔××				

（续表）

编号	问 题 摘 要	提出人	问题类型	谁解决	计划解决日期	实际解决工时(h)
11	因素表作业指导书： 2.3.2——需给出本活动目的，以及用于确定因素表中哪列数据	孔××				
12	因素表作业指导书： 2.3.3——需给出本活动目的，以及用于确定因素表中哪列数据	孔××				
13	因素表作业指导书： 2.3.4——需给出本活动目的，以及用于确定因素表中哪列数据	孔××				
14	因素表作业指导书： 文中"在 SRS 的需求描述列表中增加 3 列"——请注明与需求分析员岗位对应一致的文件名和表格名	孔××				
15	架构决策作业指导书： 修订记录：没有填写	孔××				
16	架构决策作业指导书： 需按品质管理要求的写作模板展开	孔××				
17	分析类作业指导书： 2.3.2　描述分析类属性及关系——改为"描述分析类" 架构设计师岗位逻辑视图架构作业指导书	孔××				
18	分析类作业指导书： 1　输入——（普遍问题，标明输入的来源） SRS——标明需求分析岗位作业输出 因素表——标明……；分析类——标明……	孔××				
19	接口作业指导书： 修订记录：没有填写	孔××				
20	接口作业指导书： 研究并清楚描述：内部接口设计表（图）、外部接口设计表（图）、用户接口设计表（图），输出，没有明确	孔××				
21	架构验证作业指导书： 修订记录：没有填写	孔××				
22	架构验证作业指导书： 只是描述了架构验证的技术依据，缺少对验证哪些性能指标的研究	孔××				

(续表)

编号	问 题 摘 要	提出人	问题 类型	谁解决	计划解 决日期	实际解 决工时(h)
23	架构验证作业指导书： 需按品质管理要求的写作模板展开	孔××				
24	每个分类的作业指导书命名不符合品质保证文档格式要求(注意区分作业指导书和中间文档)	茅××				
25	指导书中有些地方空页过大,应该做适当的调整	茅××				
26	各文档的一些细节处,如表格居中、表格图形下方的标注要符合品质保证文档格式要求,请对照检查	茅××				
27	在架构决策模块中,最好使 VISIO 图最后一列依据中所写的"＊＊＊＊指导书"与文件里所表示的名字一致	朱××				
28	每个 Word 文件中修订记录的日期表示法要一致,有的用数字表示月,有的用英文缩写来表示月	朱××				
29	数据视图作业指导书 2.3.5 中最后少句号。在 2.4.3.2 中有些句子忘以句号结尾,有些句子多了不必要的字母。2.4.4.3 中第一行应该是图 7,而不是图 2。第四部分附录中全称的第一个单词,大写字母和后面的小写字母之间不应该有空格。	朱××				
30	开发视图指导书：2.4.4—Java 项目的第二段中多了一个"目"	朱××				
31	有些文件的每个小节下的 1、2、3 点前加了小点,而有的没有,最好一致。例如：进程视图中加了小黑点,而接口指导书中没加。而且接口指导书的文件名取法好像与其他的不一致。	朱××				
32	因素表：子类型与原需求分型中的需求列表子类型有冲突,确定需求子类别步骤可去掉	井××				
33	需要确定意见表中提的意见的最少数量	夏××				
34	架构决策中流程图可忽略设计模式、代码模式,其有输入文档,该文档一般应是业界经验、公司知识库等组成	夏××				

（续表）

编号	问 题 摘 要	提出人	问题类型	谁解决	计划解决日期	实际解决工时(h)
35	架构决策中流程图中可去掉"准备"活动,将因素表移到下一步	井××				
36	架构决策中流程图中第二个活动可改为"分析",第三个活动可改为"决策"	钱×1				
37	架构决策中流程图中输入改为"架构模式库",输出为"决策表"	夏××				
38	架构分析类与架构决策可并行进行,总流程图需并行描绘	夏××				
39	逻辑视图架构流程图,架构分析类对图中内容做个简要说明	井××				
40	逻辑视图架构流程图,输入内加入"决策表"	全体				
41	逻辑视图架构中表居中,表名加入	茅××				
42	逻辑视图架构流程图,分层要提前,如何体现层概念,分类要有原则与依据,分层与设计包位置互换	井××张×2				
43	开发视图架构中目录结构与组件结构之间的关系需要说明	张×2				
44	开发视图架构中,建议树型目录对应到层次目录	井××				
45	一个项目中有哪些部分组成,每一部分映射到哪个目录需说明	蔡××				
46	开发视图架构中,对各目录做个总结,给出原则,某个目录的作用,如 Build 目录的作用说明一下,只要说明主要目录的用途即可	张×1井××茅××				
47	JAVA、.CLASS、文档、系统库内容存放何处,编译后的产出的内容存放于哪里,需要说明	夏××				
48	进程视图架构中,对共享数据的访问进程与线程都要有,其如何访问,彼此间有什么关系?临界区只是一种方式,还有其他的,多线程的操作方式列举一下	夏××				
49	配置节点的作用是什么	井××				
50	接口类中,流程图中内部接口处有输入需要加入(一般为层的数据、逻辑视图作为输入),用表单表示输出,接口的类型,接口编码,在设计表单时,要将其空出来,该表单即为接口类型表单	夏××				

（续表）

编号	问 题 摘 要	提出人	问题类型	谁解决	计划解决日期	实际解决工时(h)
51	接口类型表单中大概含有的内容有：接口编号、接口类型、属于哪个模块、属于哪个层与层之间的等	夏×× 蔡×× 茅××				

注：1. 文件命名命名规则：200×春/秋_软件实训平台岗位需求分析_×××岗位_评审问题记录表_×××_200×××××

2. 存档地点：FTP：//软件实训平台岗位需求分析/品质保证资料/评审资料/×××岗位/评审问题记录表

表 12-8 技术检查点列表

项目名称	软件实训平台岗位需求分析	
子项目名称	架构设计师岗位需求分析	
检查类别	详细检查点	是/否符合要求
概述	架构表现得是否稳定	
	系统的复杂程度与系统提供的功能是否相称	
	概念的复杂程度是否符合用户、操作人员、开发人员的技能和经验	
	系统是否拥有一个一致的、耦合的架构	
	系统是否达到自己的可用性目标	
	如果发生故障，架构是否允许系统在一段规定的时间内恢复	
	所提供的架构是否定义明确的接口，以便启用分区实现并行团队开发的目的	
	模型元素设计员是否充分理解架构，从而成功地设计和开发模型元素	
	是否已经对包进行了定义：包内高度内聚，而包之间是松散耦合的	
	是否已经考虑了公用应用领域中类似的解决方案	
	对该问题领域有一般了解的人是否可以很容易地理解所提出的解决方案	
	团队中所有成员对架构设计师提出的架构是否达成了共识	
	软件架构文档是否为最新的文档	
	是否贯彻执行了设计指南	
	所有技术风险是否都已经在应急计划中得到缓解或处理。已经记录了新发现的风险，并对它们的潜在影响进行了分析	
	是否已经满足了关键的性能需求（固定预算）	
	是否已经确定了测试用例、测试装置和测试配置	
	架构是否可以执行所有为当前迭代确定的用例实现，如描述对象之间的交互、任务和进程之间的交互、物理节点之间的交互	

（续表）

检查类别	详细检查点	是/否符合要求
模型	鉴于模型目标,模型的详细程度是否适当	
	对于精化阶段的业务模型、需求模型或设计模型来说,是否没有过分强调实施问题	
	以可能的最简单的方式对概念建模	
	是否记录了模型背后的关键假设,便于模型复审员查阅。如果各个假设适用于某一给定迭代,则应该能在这些假设内而不一定能在这些假设外演进模型。记录假设可以弥补设计员没有查看"所有"可能的需求而造成的过失。在迭代式流程中,不可能分析所有可能的需求并确定可以处理每个未来需求的模型	
图	图的目的是否陈述清楚,易于理解	
	图形是否布局简洁,能够清楚地传达想要说明的信息	
	图所传达的信息是否能够达到目的	
	是否有效地使用封装来隐藏细节,使图更加清晰明确	
	是否有效地使用抽象来隐藏细节,使图更加清晰明确	
	模型元素的放置是否有效地表示了关系;将类似或紧密耦合的元素放在一起	
	模型元素之间的关系是否易于理解	
	模型元素的标注是否有助于理解	
文档	每个模型元素是否都有明确的目的	
	不存在过多的模型元素,每个元素是否都在系统中扮演必不可少的角色	
错误恢复	对于每个错误或异常事件,是否都有一个策略定义系统将如何恢复到"正常的"状态	
	对于每种来自用户的输入错误或来自外部系统的错误数据,都有一个策略定义系统将如何恢复到"正常的"状态	
	存在处理异常情况的一贯应用的策略	
	存在处理数据库中数据损坏的一贯应用的策略	
	是否存在处理数据库不能使用(包括是否仍然可以将数据输入系统并稍后进行存储)的一贯应用的策略	
	如果在系统间交换数据,存在系统如何对数据视图进行同步的策略	
	在利用冗余处理器或节点来提供容错性或高可用性的系统中,是否存在一个策略确保不会出现两个处理器或节点都"认为"自己是主处理器或主节点,或者没有主处理器或主节点的情况	
	已经确定了分布式系统的故障模式,并且为处理该故障确定了策略	

（续表）

检查类别	详细检查点	是/否符合要求
产品化和安装	是否确定并测试了在不丢失数据或影响操作功能的前提下,升级现有系统的流程	
	确定并测试了转换以前版本所使用数据的流程	
	是否充分了解并记录了升级或安装产品需要的时间和资源量	
	是否可以一次一个用例地激活系统功能	
管理	是否可以在系统运行时,整理或恢复磁盘空间	
	是否已经确定并记录了系统配置的职责和过程	
	是否限制对操作系统或管理功能的访问	
	是否满足了许可需求	
	是否可以在系统运行时运行诊断例程	
	系统对操作性是否能进行自我监控(例如,容量阈值、关键性能阈值、资源消耗)	
	确定了达到阈值时将采取的行动	
	是否制定了警报处理策略	
	是否确定了警报处理机制,设计了原型并进行了测试	
	是否可以"调整"警报处理机制来避免错误警报或冗余警报	
	是否确定了网络(LAN、WAN)监视和管理的策略和过程。	
	是否可以隔离网络上的故障	
	是否存在事件追踪工具,可以启动该工具帮助进行故障排除	
	是否了解该工具的系统开销	
	管理人员是否具有有效使用该工具的知识	
	一个有恶意的用户是否无法进入系统、破坏关键数据、消耗所有资源	
性能	是否存在对系统性能的评估	
	系统性能评估是否已使用构造原型来验证,尤其是关键性能的需求	
	"瓶颈对象"是否已确定并制定了相关策略,避免产生性能瓶颈	
	协作消息计数是否与既定问题领域相适应,协作的构造应该合理并且要尽可能简单	
	启动(初始化)执行在需求定义的可接受限制范围内进行	
	是否所有最低和最高性能需求已指定	
	测试是否用于根据性能需求评估系统性能	
	性能需求是否合理而且要反映问题领域中真实的约束,它们的规约不是任意的	

（续表）

检查类别	详细检查点	是/否符合要求
内存利用情况	是否已经确定了应用程序的内存预算	
	是否已经采取了一些措施,以检测并防止内存减少	
	是否存在确定如何使用、监视和调整虚拟内存系统的一贯应用的策略	
成本和进度	到目前为止,实际开发的代码行数是否与估计当前里程碑应开发的代码行数相符	
	是否对估计假设进行了复审,并证明它仍然有效	
	已经利用最近的实际项目经验和生产率是否表现为对成本和进度估计进行了重新计算	
可移植性	已经满足了可移植性需求	
	编程指南是否提供有关创建可移植代码的具体指导	
	设计指南是否提供有关设计可移植应用程序的具体指导	
	是否已经完成了"测试端口"来核实可移植性要求	
可靠性	是否已经达到了质量评测(MTBF、未解决缺陷的数量等)的标准	
	如果发生灾难事件或系统故障,架构是否提供进行恢复的能力	
安全性	是否已经满足了安全性需求	
组织问题	团队的结构是否合理,是否在团队之间很好地划分了职责	
	是否存在影响团队效率的行政问题、组织问题或管理问题	
	团队成员间是否有冲突	
逻辑视图	是否准确而完整地提出了架构上具有重要意义的设计元素的概述	
	是否介绍了设计中使用的全套构架机制和进行选择的理由	
	是否介绍了设计的分层和进行分层的理由	
	是否介绍了设计中使用的所有框架或模式,以及选择模式或框架的理由	
	在架构方面重要的模型元素的数量与系统的大小和规模是否成比例。这些模型元素的数量仍然在可以理解系统中现行重要概念的范围内	
分析类	分析类名是否唯一	
	该类是否至少用于一个协作中	
	类的简要说明是否阐明了类的目的并对其职责进行了简要概述	
	该类是否代表一组相互之间关系紧密的职责	
	职责名称是否是说明性的,并且责任说明是正确的	
	该类的职责是否与该类所在协作对它的期望相符	

（续表）

检查类别	详细检查点	是/否符合要求
分析类	执行用例所需的所有类(不包括设计类)是否均已确定	
	主角与系统的所有交互是否均由某一边界类支持	
	是否没有两个类具有相同的职责	
	是否每个分析类均代表一组不同的职责,且与类的目的相符	
	用例之间的关系(包括、扩展、泛化关系)在分析模型中的处理方式是否一致	
	对各分析类的整个生命周期(创建、使用、删除)是否均进行了说明	
	该类是否直接或通过委托关系履行了对其要求的职责	
	类协作是否由相应的关联关系来支持	

注:

1. 文件名命名规则:200×春/秋_软件实训平台岗位需求分析_×××岗位_技术检查点列表_×××_200×××××

2. 存档地点:FTP://软件实训平台岗位需求分析/品质保证资料/评审资料/×××岗位/技术检查点

表 12 - 9 品质保证检查点列表

项目名称	软件人才实训平台岗位需求分析	
子项目名称	架构设计师岗位需求分析	
检查类别	详细检查点	是否符合要求
文档格式	标题编码是否符合要求	
	标题字体、字号等是否符合要求	
	正文字体、字号等是否符合要求	
	数字是否为 Arial 字体	
	文档与流程图颜色是否符合要求	
	涉及的模板或标准是否以超链接方式或后挂方式嵌入主文档	
	多个文档间的结构图是否提供	
	页眉、页脚是否符合要求	
	数字、项目符号编码是否符合要求	
	图、表标号、字体、字号等是否符合要求	
	日期书写格式是否符合要求	
	英文缩写情况是否符合要求	
	术语表是否符合要求	

（续表）

配置管理	本项目所有配置项命名是否符合配置管理要求	
	周报命名是否符合规范	
	各文档的命名是否符合规范要求	
	已形成的各类成果是否按要求保存在相应地点	
工作情况	是否按时填写周工作报表	
	项目例会是否按时召开	
	是否按进度完成各项工作	
流程图	是否按模板结构绘制	
	是否有工作流图的步骤说明	
作业书	结构是否符合模板要求	
	文档格式要求是否符合上述第一类中各子项要求	
SAD	是否按模板结构进行编写	
	文档格式要求是否符合上述第一类中各子项要求	
	用例图绘制是否符合模板要求	

评审时间:2009.2.8　　　　　　　　　　　　　　　　　　　记录人:茅××

注:1. 文件名命名规则:200×春/秋_软件实训平台岗位需求分析_×××岗位_品质保证检查点列表_×××_200×××××

2. 存档地点:FTP:∥软件实训平台岗位需求分析/品质保证资料/评审资料/×××岗位/检查点列表

（6）品质保证经理茅××于2月6日将已整理好的评审问题记录表反馈给"架构设计师"岗位需求分析研究组负责人蔡××,让其事先了解各评审员对其成果物的意见;

（7）品质保证经理制定本次评审会议的会议通知,通知各位评审员参加会议的身份、时间和地点,见表12-10所示给出了其中一位评审成员的会议通知函。

表 12-10　评审会议通知函

南京城市职业学院
软件实训平台岗位需求分析项目评审会议
通　知

尊敬的夏××:

　　我项目组定于2009年2月8日14点在雨花校区401召开"架构设计师"岗位需求分析成果的评审会议,现聘请您为本次评审会的评审组长,请惠予参加。

南京城市职业学院信息技术系

软件实训平台岗位需求分析项目组

品质保证组

2009 年 2 月 6 日

联系人:茅××　　　　　　　　　　　　　　联系电话:136×××××××××

（8）2月8日，品质保证组全体成员、"架构设计师"岗位需求分析研究组全体成员及所有评审成员按时到达会议召开地点，全体评审成员在评审成员登记表上签字，其签字情况见表12-11所示。

表12-11　评审成员登记表

评审成员登记				
项目名称	软件人才实训平台岗位需求分析		子项目名称	架构设计师岗位需求分析
评审日期	2009.2.8		评审性质	■ 审查　　□ 复审

职务	姓名	职称	单位	签字
组长	夏××	项目经理	南京中兴通讯有限公司	
评审小组成员	林××	项目经理	南京容道管理咨询有限公司	
	孔××	副教授	南京城市职业学院	
	张×1	副教授	南京城市职业学院	
	茅××	讲师	南京城市职业学院	
	张×2	讲师	南京城市职业学院	
	井××	讲师	南京城市职业学院	
	蔡××	讲师	南京城市职业学院	
	杨××	讲师	南京城市职业学院	
	朱××	讲师	南京城市职业学院	
	钱×1	讲师	南京城市职业学院	
	桂××	助教	南京城市职业学院	
	谭××	助教	南京城市职业学院	
	贾××	助教	南京城市职业学院	

注：
1. 文件名命名规则：200×秋_软件实训平台岗位需求分析_×××岗位_评审成员登记表_×××_200×××××。
2. 存档地点：FTP：//软件实训平台岗位需求分析/品质保证资料/评审资料/×××岗位/评审成员登记表
3. 为保证个人隐私，评审员签字未给出。

（9）"架构设计师"岗位需求分析研究组负责人蔡××负责讲解其成果物情况，并针对之前评审成员提出的评审意见进行回答，其他小组成员进行相关补充。全组人员针对每一个问题给出相关应答，对于理解出错而造成的问题或者讨论后认为不存在的问题，将其标记为"已删除"；对于简单的需要解决的问题，当场处理并标记为"已解决"，即只要是标记为"已解决"的问题均是评审当天就已经处理完毕的问题，给出的实际解决工时为实际完成时间量；对于复杂的需要解决的问题将其标记为"需解决"并给出解决人、解决时间和解决工时（该工时为预估）。整个评审工作结束后，之前形成的评审问题记录表新情况见表12-12所示。

表 12 - 12　评审问题记录表

	评审问题记录					
项目名称	软件人才实训平台岗位需求分析		子项目名称		架构设计师岗位需求分析	
评审日期	2009.2.8		评审性质		■ 审查　　□ 复审	
记录人	茅××					

其中问题类型分为:未解决,无需解决,需解决,已解决,已删除

编号	问题摘要	提出人	问题类型	谁解决	计划解决日期	实际解决工时(h)
1	总体流程上不可能只有一个需求分析员	夏××	需解决	蔡××	2009.2.11	0.5
2	架构设计说明书模板:增加 7.1.x 第 n 个类 7.1.1.1　分层——小标题编号不对	孔××	已解决	蔡××	2009.2.8	0.1
3	架构设计说明书模板: 7.3.2——增加技术框架结构示意图 7.3.3——增加架构分层及组件示意图 7.3.4——增加目录结构图	孔××	需解决	蔡××	2009.2.13	0.5
4	架构设计说明书模板: 7.4——进程视图到底包含哪些图,增加示意图 7.5——部署节点示意图、配置分布示意图、配置网络架构图 7.6.2　描述数据模型——增加示意图、ER 图、对象模型(类图)、数据表的结构 7.6.4——增加"数据的访问与表示"示意图 7.6.5——"数据同步"方案示意	孔××	需解决	蔡××	2009.2.13	0.5
5	架构设计说明书模板: 8——应该由"接口作业指导书"的研究者,提供该部分输出的模板	孔××	需解决	张×1	2009.2.13	2
6	架构设计说明书模板: 9——架构验证指标 缺少架构验证指标表	孔××	需解决	蔡××	2009.2.12	1
7	缺少架构设计师岗位作业指导书 缺少架构设计流程图	孔×× 茅××	需解决	蔡××	2009.2.13	1
8	因素表作业指导书——更名为架构设计师岗位因素表分析作业指导书,文中首次出现缩写时,如 SRS、FURPS 等,需要有中文名称	孔××	需解决	贾××	2009.2.11	0.2
9	因素表作业指导书: 2.3　工作流步骤说明 需解释工作流图中各活动的目的	孔××	需解决	贾××	2009.2.12	1

（续表）

编号	问题摘要	提出人	问题类型	谁解决	计划解决日期	实际解决工时(h)
10	因素表作业指导书: 2.3.1——给出因素表结构;需说明哪些列是需求分析阶段确定,哪些列是架构设计阶段确定	孔××	需解决	贾××	2009.2.12	0.1
11	因素表作业指导书: 2.3.2——需给出本活动目的,以及用于确定因素表中哪列数据	孔××	需解决	贾××	2009.2.12	1
12	因素表作业指导书: 2.3.3——需给出本活动目的,以及用于确定因素表中哪列数据	孔××	需解决	贾××	2009.2.12	1
13	因素表作业指导书: 2.3.4——需给出本活动目的,以及用于确定因素表中哪列数据	孔××	需解决	贾××	2009.2.12	1
14	因素表作业指导书: 文中"在 SRS 的需求描述列表中增加 3 列"——请注明与需求分析员岗位对应一致的文件名和表格名	孔××	需解决	贾××	2009.2.11	1
15	架构决策作业指导书: 修订记录:没有填写	孔××	已解决	杨××	2009.2.8	0.1
16	架构决策作业指导书: 需按品质管理要求的写作模板展开	孔××	需解决	杨××	2009.2.13	2
17	分析类作业指导书: 2.3.2 描述分析类属性及关系——改为"描述分析类" 架构设计师岗位逻辑视图架构作业指导书	孔××	已解决	桂××	2009.2.8	0.1
18	分析类作业指导书: 1 输入——(普遍问题,标明输入的来源) SRS——标明需求分析岗位作业输出 因素表——标明……分析类——标明……	孔××	需解决	桂××	2009.2.12	1
19	接口作业指导书: 修订记录:没有填写	孔××	已解决	张×1	2009.2.8	0.1
20	接口作业指导书: 研究并清楚描述:内部接口设计表(图)、外部接口设计表(图)、用户接口设计表(图),输出,没有明确	孔××	需解决	张×1	2009.2.13	2
21	架构验证作业指导书: 修订记录:没有填写	孔××	已解决	杨××	2009.2.8	0.1

（续表）

编号	问题摘要	提出人	问题类型	谁解决	计划解决日期	实际解决工时(h)
22	架构验证作业指导书：只是描述了架构验证的技术依据,缺少对验证哪些性能指标的研究	孔××	需解决	杨××	2009.2.13	2
23	架构验证作业指导书：需按品质管理要求的写作模板展开	孔××	需解决	杨××	2009.2.13	2
24	每个分类的作业指导书命名不符合品质保证文档格式要求(注意区分作业指导书和中间文档)	茅××	已解决	全体	2009.2.8	0.2
25	指导书中有些地方空页过大,应该做适当调整	茅××	已解决	全体	2009.2.8	0.2
26	各文档的一些细节处,如表格居中、表格图形下方的标注要符合品质保证文档格式要求,请对照检查	茅××	需解决	全体	2009.2.12	0.5
27	在架构决策模块中,最好使 VISIO 图最后一列依据中所写的"****指导书"与文件里所表示的名字一致	朱××	需解决	杨××	2009.2.11	0.5
28	每个 Word 文件中修订记录的日期表示法要一致,有的用数字表示月,有的用英文缩写来表示月	朱××	需解决	全体	2009.2.11	0.5
29	数据视图作业指导书 2.3.5 中最后少句号。在 2.4.3.2 中有些句子忘以句号结尾,有些句子多了不必要的字母。2.4.4.3 中第一行应该是图 7,而不是图 2。第四部分附录中全称的第一个单词,大写字母和后面的小写字母之间不应该有空格。	朱××	需解决	蔡××	2009.2.11	0.5
30	开发视图指导书：2.4.4—Java 项目的第二段中多了一个"目"	朱××	已解决	桂××	2009.2.8	1 m
31	有些文件的每个小节下的 1、2、3 点前加了小点,而有的没有,最好一致。例如:进程视图中加了小黑点,而接口指导书中没加。而且接口指导书的文件名取法好像与其他的不一致。	朱××	需解决	全体	2009.2.11	0.5
32	因素表:子类型与原需求分型中的需求列表子类型有冲突,确定需求子类别步骤可去掉	卅××	需解决	贾××	2009.2.12	1
33	需要确定意见表中提的意见的最少数量	夏××	未解决	茅××	无法确定	无法预估

（续表）

编号	问题摘要	提出人	问题类型	谁解决	计划解决日期	实际解决工时(h)
34	架构决策中流程图可忽略设计模式、代码模式,其有输入文档,该文档一般应是业界经验、公司知识库等组成	夏××	需解决	杨××	2009.2.12	0.5
35	架构决策中流程图中可去掉"准备"活动,将因素表移到下一步	井××	需解决	杨××	2009.2.12	0.5
36	架构决策中流程图中第二个活动可改为"分析",第三个活动可改为"决策"	钱×1	需解决	杨××	2009.2.12	0.1
37	架构决策中流程图中输入改为"架构模式库",输出为"决策表"	夏××	需解决	杨××	2009.2.12	0.1
38	架构分析类与架构决策可并行进行,总流程图需并行描绘	夏××	已删除			
39	逻辑视图架构流程图,架构分析类对图中内容做个简要说明	井××	需解决	桂××	2009.2.12	1
40	逻辑视图架构流程图,输入内加入"决策表"	全体	需解决	桂××	2009.2.12	1
41	逻辑视图架构中表居中,表名加入	茅××	需解决	桂××	2009.2.12	0.1
42	逻辑视图架构流程图,分层要提前,如何体现层概念,分类要有原则与依据,分层与设计包位置互换	井×× 张×2	需解决	桂××	2009.2.12	2
43	开发视图架构中目录结构与组件结构之间的关系需要说明	张×2	需解决	桂××	2009.2.12	1
44	开发视图架构中,建议树型目录对应到层次目录	井××	同43	桂××	2009.2.12	1
45	一个项目中有哪些部分组成,每一部分映射到哪个目录需说明	蔡××	需解决	桂××	2009.2.12	2
46	开发视图架构中,对各目录做个总结,给出原则,某个目录的作用,如Build目录的作用说明一下,只要说明主要目录的用途即可	张×1 井×× 茅××	需解决	桂××	2009.2.12	2
47	Java、.Class、文档、系统库内容存放何处,编译后的产出的内容存放于哪里需要说明	夏××	需解决	桂××	2009.2.12	2
48	进程视图架构中,对共享数据的访问进程与线程都要有,其如何访问,彼此间有什么关系?临界区只是一种方式,还有其他的,多线程的操作方式列举一下	夏××	需解决	蔡××	2009.2.13	1
49	配置节点的作用是什么	井××	已删除			

（续表）

编号	问题摘要	提出人	问题类型	谁解决	计划解决日期	实际解决工时(h)
50	接口类中,流程图中内部接口处有输入需要加入(一般为层的数据、逻辑视图作为输入),用表单表示输出,接口的类型,接口编码,在设计表单时,要将其空出来,该表单即为接口类型表单	夏××	需解决	张×1	2009.2.13	2
51	接口类型表单中大概含有的内容有:接口编号、接口类型、属于哪个模块、属于哪个层与层之间的等	夏×× 蔡×× 茅××	需解决	张×1	2009.2.13	2

注：
1. 文件名命名规则：200×春/秋_软件实训平台岗位需求分析_×××岗位_评审问题记录表_×××_200×××××

2. 存档地点：FTP://软件实训平台岗位需求分析/品质保证资料/评审资料/×××岗位/评审问题记录表

本次评审中有个问题比较特殊,即问题记录表中的第 33 个问题,其标记为"未解决",该种标记说明此问题在评审过程中没有得到较好地处理,其他几种标记均说明了对某问题的处理方式,说明某问题已经有了解决的办法,只有标记为"未解决"这种情况,才说明该问题没有找到有效的解决办法,因此,该问题将被定义为"缺陷",在之后的项目研究中,将努力寻求解决办法,除非直到项目结束都未找到好办法处理,则该问题将正式作为项目成果的缺陷存在。当然,对一个项目来说,缺陷在一定范围内、一定条件下,是允许存在一定量的,如本项目的缺陷率为 1/8,因此,对于该子项来说,存在一个缺陷是可以的,同时从问题描述的情况来看,该问题并非是项目研究成果本身存在的问题,而是进行品质保证工作过程中保证项目质量进一步提高的问题,因此,对于项目研究成果本身不具有致命缺陷,不会对项目造成坏影响。在之后的项目研究过程中,经过品质保证小组成员的进一步研究和讨论,对该问题也给出了解决办法,主要解决办法是：每次评审成员不少于五人,每位评审员提出的意见数不少于五条,每位评审员所提问题中涉及技术层面的意见数不少于三条,同时满足上述几项条件时评审会议才能正式召开,否则,已确定的评审会议会取消,只能择期重新组织召开评审会议,但重审不受此限制。

在本次评审过程中,有一种情况未涉及,即评审员所提出的复杂的、需要其他研究小组解决的问题亦会被标记为"已删除",但在解决人一项中要给出将该问题移入哪个研究小组、由谁来解决的说明。

"已解决"表明该问题已经在评审当天得到了较好的解决办法或处理方式,并已经将其处理完毕。

"需解决"的情况则说明评审当天给出了解决问题的办法或处理方式,但由于处理时较为麻烦或花费的时间较多,无法在评审当天即刻解决完毕,需要在会后另行寻找时间进行处理,但处理过程中不会有麻烦,可以由作者自行处理解决。

（10）当评审员及架构设计师研究小组就所有评审问题达成一致意见后,品质保证经理根据评审会议的进行情况,填写评审结论表,并填写品质保证检查点列表的检查情况,其情况见表 12-13 和表 12-14 所示。

表 12－13　评审结论表

评审结论表

成果名称	软件实训平台岗位需求分析——架构设计师岗位需求分析		
评审日期	2009.2.8	评审性质	■审查　　□复审
评审成员	评审组长:夏×× 评审成员:林××、孔××、张×1、茅××、张×2、井××、蔡××、杨××、朱××、钱×1、桂××、贾××、谭××		
项目完成的总体情况	本项目主要是研究软件人才实训平台项目中架构设计师岗位的需求分析。本项目完成的主要内容包括:因素表、5 视图、分析类、架构验证、架构决策、架构评审、接口等子项作业指导书的编写。总体上都已完成,形成了架构设计岗位因素表作业指导书、架构设计岗位分析类作业指导书、架构设计决策作业指导书、架构设计数据视图架构岗位作业指导书、架构设计进程视图架构岗位作业指导书、架构设计岗位逻辑视图架构作业指导书、架构设计岗位开发视图架构作业指导书、架构设计部署视图架构岗位作业指导书、软件架构岗位接口作业指导书、架构设计师岗位评审作业指导书、架构设计验证作业指导书,以及各项内容间的流程顺序。明确了架构设计师的工作职责和内容。		
存在问题	1. 各作业指导书中流程不明确、层次关系不确定; 2. 各步骤的关系、接口描述说明不明确; 3. 其结构、映射关系、特点、输入、输出描述不清; 4. 架构设计师的职责描述不清; 5. 各文档的格式和命名不符合规范要求		
评审意见	要重新评审 架构设计师岗位的需求分析中存在职责不明确、关系不清、描述不当之处,需要进行修订并对其修订成果重新评审。		
评审结论	不通过		
备注			

评审意见分为四类:不需修改,稍作修改,做重要修改,要重新评审,并给出每项的理由;

评审结论:通过,不通过,未评审结束;

评审组长签字:夏××

注:

1. 文件名命名规则:200×春/秋_软件实训平台岗位需求分析_×××岗位_评审问题记录表_×××_200×
××××

2. 存档地点:FTP://软件实训平台岗位需求分析/品质保证资料/评审资料/×××岗位/评审结论表

表 12 - 14　品质保证检查点列表

项目名称	软件人才实训平台岗位需求分析	
子项目名称	架构设计师岗位需求分析	
检查类别	详细检查点	是否符合要求
文档格式	标题编码是否符合要求	否
	标题字体、字号等是否符合要求	是
	正文字体、字号等是否符合要求	是
	数字是否为 Arial 字体	否
	文档与流程图颜色是否符合要求	是
	涉及的模板或标准是否以超链接方式或后挂方式嵌入主文档	是
	多个文档间的结构图是否提供	否
	页眉、页脚是否符合要求	是
	数字、项目符号编码是否符合要求	是
	图、表标号、字体、字号等是否符合要求	否
	日期书写格式是否符合要求	是
	英文缩写情况是否符合要求	是
	术语表是否符合要求	是
配置管理	本项目所有配置项命名是否符合配置管理要求	否
	周报命名是否符合规范	是
	各文档的命名是否符合规范要求	否
	已形成的各类成果是否按要求保存在相应地点	否
工作情况	是否按时填写周工作报表	是
	项目例会是否按时召开	是
	是否按进度完成各项工作	是
流程图	是否按模板结构绘制	是
	是否有工作流图的步骤说明	否
作业书	结构是否符合模板要求	是
	文档格式要求是否符合上述第一类中各子项要求	否
SAD	是否按模板结构进行编写	是
	文档格式要求是否符合上述第一类中各子项要求	否
	用例图绘制是否符合模板要求	是

评审时间:2009.2.8　　　　　　　　　　　　　　　　　　　　　　　记录人:茅××

注:1. 文件名命名规则:200×春/秋_软件实训平台岗位需求分析_×××岗位_品质保证检查点列表_×××_200×××××

　2. 存档地点:FTP://软件实训平台岗位需求分析/品质保证资料/评审资料/×××岗位/检查点列表

说明:"技术检查点列表"中给出的是针对某一实际软件开发项目的"架构"方面的检查点,并非是针对本项目文档的技术检查点,因此,在评审会议上并不做这方面的检查。

得出评审结论后,该次评审会议正式结束,本次评审会议历时 2 小时 30 分,超过了一般两小时的约定,因此,在以后的评审会议召开过程中,品质保证组成员要注意会议召开时间的控制,避免在会议上进行大量的、扩散的讨论,而只能是针对评审问题进行必要讨论,力争在规定时间内完成评审工作,减轻评审员和研究小组成员不必要的工作量。

(11) 评审会议后,品质保证经理整理整个评审会议形成的相关文档,于 2 月 9 日将评审会议形成的评审问题记录表、评审结论表和品质保证检查点列表打包发给"架构设计师"岗位需求分析研究组负责人蔡××,让其按评审情况进行成果物的修订。

(12) 由于本次评审,该成果物存在的问题较多也较为严重,需要进行相关修改并进行重审才可以完成,因此,约定下次评审时间为 2 月 14 日,所需走的流程与上述首审完全一样,只是此次评审不需要提前一周提交新的评审申请,只需将修改好后的成果物提交即可。

(13) 2 月 11 日研究小组负责人蔡××将修改好后的成果物重新发给品质保证经理,品质保证经理于当天发出重审要求,并于 13 日收齐新一轮的评审意见,形成新的评审问题记录表供评审会议使用。

(14) 2 月 14 日进行"架构设计师岗位需求分析"项目的重审,经过讨论与评审后,评审问题记录表情况见表 12 - 15 所示。

表 12 - 15 评审问题记录表

评审问题记录						
项目名称	软件人才实训平台岗位需求分析		子项目名称	架构设计师岗位需求分析		
评审日期	2009.2.14		评审性质	□ 审查　　■ 复审		
记录人	茅××					
其中问题类型分为:未解决,无需解决,需解决,已解决,已删除。						
编号	问题摘要	提出人	问题类型	谁解决	计划解决日期	实际解决工时(h)
1	要表达出谁与谁的接口,即要加入端点信息,建议叫"接口端",如端1、端2	夏××	已解决	张××	2009.2.15	0.1
2	硬件设备已经描述了接口两端的其中一端,只要再说明另一端即可	井××	已解决	张×1	2009.2.15	0.5
3	内部接口表中描述不准确,不一定是函数调用,往往是消息调用,所以表中使用调用参数不合适,改为"接口格式"较好,如分别改为"请求格式""应答格式",还有一种通知格式,大家可针对表单格式再好好讨论设计一下	夏××	已解决	张×1	2009.2.16	0.5
4	架构验证流程图中,"构造原型"活动阶段,输入内容缺少,应加入"架构设计""系统设计"	孔××	已解决	杨××	2009.2.15	0.1

（续表）

编号	问题摘要	提出人	问题类型	谁解决	计划解决日期	实际解决工时(h)
5	架构验证流程图中，在起始处增加一个开始水平栏，其中只含有流程图开始图标，现有第一阶段活动成为第二行	夏×× 茅××	已解决	杨××	2009.2.15	0.1
6	架构验证流程图在验证后如果有问题需决策是哪个部分出现问题。此处要给出一个验证结果，给出一个决策说明是哪块需要修改。可增加一个判断框再做相应处理	孔×× 夏×× 茅××	已解决	杨××	2009.2.15	0.5
7	架构评审，输入处的待评审文档不正确	全体	已解决	蔡××	2009.2.15	0.1
8	架构评审，其输入文档处需添加架构验证的结果文档(来源于杨××)	孔××	已解决	蔡××	2009.2.16	0.2

注：
1. 文件名命名规则：200×春/秋_软件实训平台岗位需求分析_×××岗位_评审问题记录表_×××_200×××××
2. 存档地点：FTP：//软件实训平台岗位需求分析/品质保证资料/评审资料/×××岗位/评审问题记录表

该次评审过程中所形成的问题与初次评审完全不同，这是允许的。因为第二次评审之前，项目组成员已按第一次评审的情况进行了成果物的修改，原先存在的问题已被解决是完全可能的，所以所提出的评审问题与初审不同是可以的。

请注意：

第二次评审时"问题记录表"中"问题类型"全部是"已解决"，但其"计划解决日期"并未填写评审当天，这种情况表明经过评审后，虽存在一定的问题，但这些问题都不大，所需花费的解决时间都不长，但为了不占用评审时间，"计划解决日期"填写了其他时间点。这种情况在评审结论为"通过"，无需重审时是允许的。

（15）最终形成的评审结论表见表 12-16 所示。

表 12-16　评审结论表

评审结论表			
成果名称	软件实训平台岗位需求分析——架构设计师岗位需求分析		
评审日期	2009.2.14	评审性质	□ 审查　　■ 复审
评审成员	评审组长：夏×× 评审成员：林××、孔××、张×1、茅××、张×2、井××、蔡××、杨××、朱××、钱×1、桂××、贾××、谭××		

（续表）

项目完成的总体情况	本项目主要是研究软件人才实训平台项目中架构设计师岗位的需求分析。本项目完成的主要内容包括：因素表、5视图、分析类、架构验证、架构决策、架构评审、接口等子项作业指导书的编写。总体上都已完成，形成了架构设计岗位因素表作业指导书、架构设计岗位分析类作业指导书、架构设计决策作业指导书、架构设计数据视图架构岗位作业指导书、架构设计进程视图架构岗位作业指导书、架构设计岗位逻辑视图架构作业指导书、架构设计岗位开发视图架构作业指导书、架构设计部署视图架构岗位作业指导书、软件架构岗位接口作业指导书、架构设计师岗位评审作业指导书、架构设计验证作业指导书以及各项内容间的流程顺序，明确了架构设计师的工作职责和内容
存在问题	1. 个别文档缺少一些小步骤； 2. 文档格式不统一
评审意见	稍作修改 本项目各文档已完成所需解决问题，只有个别细节需进一步加强，同意结项
评审结论	通过
备注	

评审意见分为四类：不需修改，稍作修改，做重要修改，要重新评审，并给出每项的理由

评审结论：通过，不通过，未评审结束

评审组长签字：夏××

注：

1. 文件名命名规则：200×春/秋_软件实训平台岗位需求分析_×××岗位_评审结论表_×××_200×××××

2. 存档地点：FTP：//软件实训平台岗位需求分析/品质保证资料/评审资料/×××岗位/评审结论表

这样，一个完整的阶段性评审工作就完成了。当然，有时阶段性评审工作只要到第11步就可结束，即该成果物经过一次评审后，虽然存在一些问题，但这些问题非常小或对成果物本身不会造成大影响，只要成果物作者自行按讨论结果修改后即可完成，该项工作无需再次评审。即使需要重新评审，一般也不要超过两次，过多次的评审对于项目组的时间耗费、成本耗费都过大，也不允许这种事件的发生，因此，所有项目组成员都必须认真对待自己的研究设计工作，以使修改意见不多或不大。

任务六　结项评审

当本项目所需研究的八大岗位的需求分析均完成，所有成果物均产生并均通过了评审之后，就可以进行本项目的项目总结工作。项目的结项评审工作流程和需完成的工作与"阶段性评审"几乎是完全一样的，只是最终要多出一个项目总结报告。

由于项目的结项评审工作流程和需完成的工作与阶段性评审几乎一样，因此，不再给出整个评审过程中所产生的评审申请表、评审意见表、评审问题记录表等与阶段性评审相同的资料，在此只给出其与阶段性评审不同的项目总结报告和评审结论表的情况。

不同的项目、企业/公司其项目总结报告并不一定相同，因此，需要根据实际情况给出适合公司、项目的总结报告，本书第一篇"项目经理参考指南与实训"中给出了一个项目总结报告的案例，可以作为参考。本项目在研究过程中，并没有真正进行软件项目的开发，即实际软件程序的编写，而仅仅是对在进行软件项目开发前对其所涉及的各软件岗位的需求进行

了分析,产生的成果物也均是文档或模板等形式的成果,因此,本项目并未采用之前软件项目的专用项目总结报告模板,而采用了适合本项目的总结形式,该总结报告主要以项目组各成员负责的子项的分工、每个子项负责人、完成的成果个数、成果规模、评审情况等内容为主,总结了本项目的成果及完成情况,其具体情况见表 12-17 所示。

表 12-17 项目总结报告

软件实训平台岗位研究情况汇总

走查次数合计:	46	评审次数合计:	13	评审问题个数合计	389
报告数合计:	39	附件数合计:	77	页数合计:	847

需求分析员岗位作业指导研究

研究成员	桂××(组长),张×2,井××,蔡××		起止日期	2008.7—2008.10
走查次数	12	评审次数	1	评审问题个数 21

编号	成果类别 (报告|附件 (模板))	成果名称	页数	创建人	修改人
1	报告	需求分析员岗位作业指导书	5	桂××	桂××
2	报告	需求分析员岗位作业指导书_需求捕获	11	张×2	张×2
3	报告	需求分析员岗位领域建模作业指导书	9	桂××	桂××
4	报告	需求分析员岗位需求分型作业指导书	4	桂××	桂××
5	报告	需求分析员岗位用例建模作业说明书	19	井××	井××
6	报告	需求分析员岗位需求评审作业指导书	6	蔡××	蔡××
7	附件(模板)	软件需求规格说明书(SRS)	4	桂××	桂××
8	附件(模板)	会议记录	4	张×2	张×2
9	附件(模板)	会议提纲	2	张×2	张×2
10	附件(模板)	用户访谈计划	2	张×2	张×2
11	附件(模板)	用户访谈记录	4	张×2	张×2
12	附件(模板)	用户需求调查问卷	4	张×2	张×2
13	附件(模板)	用户需求列表	1	张×2	张×2
14	附件(模板)	用户组织结构及业务术语定义	5	张×2	张×2
15	附件(模板)	术语表	1	桂××	桂××
16	附件(模板)	业务架构文档	2	桂××	桂××
17	附件(模板)	业务规则	2	桂××	桂××
18	附件(模板)	用户需求列表	1	桂××	桂××
19	附件(模板)	SRS 评审检查点列表	1	蔡××	蔡××
20	附件(模板)	评审工作会议纪要	1	蔡××	蔡××
21	附件(模板)	评审工作会议前准备工作流程	1	蔡××	蔡××
报告数合计:	6	附件数合计:	15	页数合计:	90

架构设计师岗位作业指导研究 （续表）

研究成员	蔡××(组长),桂××,杨××,贾××,张×1			起止日期	2008.10—2009.2	
走查次数	7		评审次数	2	评审问题个数 59	

编号	成果类别 (报告|附件 (模板))	成果名称	页数	创建人	修改人
1	报告	架构设计师岗位作业指导书	9	蔡××	蔡××
2	报告	架构设计师岗位因素表作业指导书	12	贾××	贾××
3	报告	架构设计师岗位架构决策作业指导书	9	杨××	杨××
4	报告	架构设计师岗位分析类作业指导书	12	桂××	桂××
5	报告	架构设计师岗位逻辑视图架构作业指导书	10	桂××	桂××
6	报告	架构设计岗位开发视图架构作业指导书	15	桂××	桂××
7	报告	架构设计师岗位进程视图架构作业指导书	13	蔡××	蔡××
8	报告	架构设计师岗位部署视图架构作业指导书	12	蔡××	蔡××
9	报告	架构设计师岗位数据视图架构作业指导书	23	蔡××	蔡××
10	报告	架构设计师岗位接口作业指导书	13	张×1	张×1
11	报告	架构设计师岗位架构验证作业指导书	11	杨××	杨××
12	报告	架构设计师岗位评审作业指导书	10	蔡××	蔡××
13	附件(模板)	架构设计说明书	23	蔡××	蔡××
14	附件(模板)	因素表	1	贾××	贾××
15	附件(模板)	决策表	1	杨××	杨××
16	附件(模板)	架构验证检查单	1	杨××	杨××
17	附件(模板)	架构运行性能登记表	1	杨××	杨××
18	附件(模板)	架构指标设计表	1	杨××	杨××
19	附件(模板)	架构评审检查点列表	3	蔡××	蔡××
报告数合计：	12	附件数合计：	7	页数合计：	180

系统设计师岗位作业指导研究 （续表）

研究成员　张×2(组长),井××,谭××,贾××,张×1,杨××　　起止日期　2009.2—2009.10

走查次数　　6　　　　　　评审次数　　3　评审问题个数　148

编号	成果类别（报告|附件（模板））	成果名称	页数	创建人	修改人
1	报告	系统设计师岗位作业指导书	9	张×2	张×2,夏××
2	报告	系统设计师岗位数据视图精化设计指导书	26	谭××	谭××,张×2
3	报告	系统设计师岗位逻辑视图精化作业指导书	21	井××	井××
4	报告	系统设计师岗位开发视图精化作业指导书	13	张×2	张×2
5	报告	系统设计师岗位进程视图精化作业指导书	8	张×2	张×2
6	报告	系统设计师岗位设计类作业指导书	19	贾××	贾××,井××
7	报告	系统设计师岗位部署视图精化作业指导书	7	张×2	张×2
8	报告	系统设计师岗位编程指南作业指导书	8	张×1	张×1
9	报告	系统设计师岗位编写系统设计指南作业指导书	16	杨××	杨××,张×1
10	报告	系统设计师岗位评审作业指导书	11	蔡××	张×2,夏××
11	附件(模板)	软件人才实训平台架构设计说明书	30	蔡××,张×2	张×2,井××,夏××
12	附件(模板)	系统设计指南	8	杨××	杨××
13	附件(模板)	软件人才实训平台_系统设计说明书	8	贾××	贾××
14	附件(模板)	编程指南	4	张×1	张×1
15	附件(模板)	C++编程指南	47	张×1	张×1
16	附件(模板)	Java 编程指南	45	张×1	张×1
报告数合计：	10	附件数合计：	6	页数合计：	280

品质保证员岗位作业指导研究　　　　　　　　　　　（续表）

研究成员	茅××(组长),蔡××		起止日期	2008.8—2008.9

走查次数	4	评审次数		2	评审问题个数	14

编号	成果类别 (报告|附件 (模板))	成果名称	页数	创建人	修改人
1	报告	品质保证员岗位作业指导书	12	茅××	茅××
2	附件(模板)	×××项目品质保证计划书	10	茅××	茅××
3	附件(模板)	文档格式约定	5	茅××	茅××
4	附件(模板)	×××岗位×××作业指导书	5	蔡××	茅××
5	附件(模板)	中间文档(项目文档)	5	茅××	茅××
6	附件(模板)	评审工作会议前准备工作流程	1	蔡××	蔡××
7	附件(模板)	评审成员登记表	1	茅××	茅××
8	附件(模板)	评审意见表	1	茅××	茅××
9	附件(模板)	评审问题记录表	1	茅××	茅××
10	附件(模板)	评审结论表	1	茅××	茅××
11	附件(模板)	评审工作会议纪要	1	蔡××	蔡××
12	附件(模板)	评审检查点列表	1	茅××	茅××
13	附件(模板)	日报表	1	茅××	茅××
14	附件(模板)	周报表	1	茅××	茅××
15	附件(模板)	月报表	1	茅××	茅××
16	附件(模板)	结项报告	3	茅××	茅××
报告数合计：	1	附件数合计：	15	页数合计：	50

程序员岗位作业指导研究

研究成员	杨××(组长),张×2		起止日期	2009.4—2009.11

走查次数	3	评审次数		2	评审问题个数	44

编号	成果类别 (报告|附件 (模板))	成果名称	页数	创建人	修改人
1	报告	程序员岗位作业指导书	11	杨××、 张×2	张×2、 杨××
2	报告	软件测试员岗位(单元测试)作业指导书	16	井××	杨××
3	附件(模板)	培训计划书	4	张×2	杨××

（续表）

编号	成果类别 （报告|附件 （模板））	成果名称	页数	创建人	修改人
4	附件（模板）	操作手册	4	杨××	张×2
5	附件（模板）	模块开发卷宗	5	张×2	张×2
6	附件（模板）	用户手册	4	杨××	杨××
7	附件（模板）	编码阶段工作计划	1	杨××	
8	附件（模板）	实训平台会议记录	1	张×2	
报告数合计：	2	附件数合计：	6	页数合计：	46

配置管理员岗位作业指导研究

研究成员　　　　　朱××（组长），胡××　　　　　起止日期　2009.6—2009.11

走查次数　　8　　　　　评审次数　　1　　评审问题个数　33

编号	成果类别 （报告|附件 （模板））	成果名称	页数	创建人	修改人
1	报告	配置管理员岗位作业指导书	10	朱××	
2	报告	配置管理员岗位配置管理计划作业指导书	20	朱××	
3	附件（模板）	配置管理计划书	11	朱××	孔××、朱××
4	附件（模板）	配置管理工作流图	1	朱××	孔××、朱××
5	附件（模板）	配置管理计划工作流图	1	朱××	孔××、朱××
6	附件（模板）	×××项目需求变更流程图	1	朱××	孔××、朱××
7	附件（模板）	×××项目缺陷变更流程图	1	朱××	孔××、朱××
8	附件（模板）	×××项目缺陷统计报告	1	朱××	孔××、朱××
9	附件（模板）	×××项目配置状态报告	1	朱××	孔××、朱××
10	附件（模板）	×××项目配置项异常恢复报告	1	朱××、胡××	孔××、朱××
11	附件（模板）	×××项目配置项变更请求评审单	1	朱××	孔××、朱××
12	附件（模板）	×××项目配置审核检查单	1	朱××	孔××、朱××

（续表）

编号	成果类别 （报告|附件 （模板））	成果名称	页数	创建人	修改人
13	附件（模板）	×××项目配置管理月度报告	1	朱××、 胡××	孔××、 朱××
14	附件（模板）	×××项目发布管理过程	1	朱××	孔××、 朱××
15	附件（模板）	×××项目存储库备份计划	1	朱××	孔××、 朱××
16	附件（模板）	×××项目产品目录结构方案	5	朱××	孔××、 朱××
17	附件（模板）	×××项目不符合项报告	1	朱××	孔××、 朱××
18	附件（模板）	×××项目变更审核单	1	朱××	孔××、 朱××
19	附件（模板）	×××项目变更评估单	1	朱××	孔××、 朱××
20	附件（模板）	×××项目变更控制委员会成员列表	1	朱××	孔××、 朱××
21	附件（模板）	×××项目版本发布记录表	1	朱××	孔××、 朱××
报告数合计：	2	附件数合计：	19	页数合计：	63

软件测试员岗位作业指导研究

研究成员　　　　井××（组长），贾××　　　　　起止日期　2009.10—2009.11

走查次数　　4　　　　评审次数　　1　评审问题个数　62

编号	成果类别 （报告|附件 （模板））	成果名称	页数	创建人	修改人
1	报告	软件测试员岗位作业指导书	7	井××	井××
2	报告	软件测试员岗位（单元测试）作业指导书	16	井××	井××
3	报告	软件测试员岗位（集成测试）作业指导书	21	井××	井××
4	报告	软件测试员岗位（系统测试）作业指导书	15	井××	井××
5	报告	软件测试员岗位（验收测试）作业指导书	18	井××	井××
6	附件（模板）	软件人才实训平台_软件测试规程说明	6	井××	井××
7	附件（模板）	软件人才实训平台_软件测试计划	6	井××	井××
8	附件（模板）	软件人才实训平台_软件测试日志	6	井××	井××
9	附件（模板）	软件人才实训平台_软件测试设计说明	4	井××	井××

（续表）

编号	成果类别（报告|附件（模板））	成果名称	页数	创建人	修改人
10	附件（模板）	软件人才实训平台_软件测试事件报告	6	井××	井××
11	附件（模板）	软件人才实训平台_软件测试项传递报告	5	井××	井××
12	附件（模板）	软件人才实训平台_软件测试用例说明	5	井××	井××
13	附件（模板）	软件人才实训平台_软件测试总结报告	5	井××	井××
报告数合计：	5	附件数合计：	8	页数合计：	120

项目经理岗位作业指导研究

研究成员		夏××		起止日期	2009.11—2009.11
走查次数	2	评审次数	1	评审问题个数	8

编号	成果类别（报告|附件（模板））	成果名称	页数	创建人	修改人
1	报告	项目经理岗位作业指导书	12	夏××	夏××
2	附件（模板）	项目计划书模板	6	夏××	夏××
报告数合计：	1	附件数合计：	1	页数合计：	18

注：
1. 文件名命名规则：200×春/秋_软件实训平台岗位需求分析_项目总结报告_夏××孔××_200×××××
2. 存档地点：FTP：//软件实训平台岗位需求分析

品质保证经理茅××组织召开结项评审会议，会议上所有项目组成员对所做的工作进行了小结，评审组则对其所有成果进行总结评审，最终形成了结项评审结论，其情况见表12－18所示。

表12－18　结项评审结论表

评审结论表			
成果名称	软件实训平台岗位需求分析		
评审日期	2009.12.19	评审性质	■ 审查　　□ 复审
评审成员	评审组长：夏×× 评审成员：孔××、鲜××、张×1、茅××、张×2、井××、蔡××、杨×1、朱××、钱×1、钱×2、杨×2、桂××、贾××、谭××		

(续表)

项目完成的总体情况	本项目主要是研究软件人才实训平台八大岗位的需求。本项目完成的主要内容包括:撰写需求分析师、架构设计师、系统设计师、程序员、软件测试师、项目经理、配置管理员、品质保证员岗位的作业指导书和进行各类所需模板的设计。整个项目完成报告共计 39 个,各类模板即附件共计 77 个,累计文档页数 847 页,在整个研究过程中共进行走查 46 次,正式评审 13 次,共计发现问题 389 个。目前整个项目已正式完成。
存在问题	无
评审意见	不需修改 本项目发生的问题均已在之前的历次评审后被及时解决,目前已完成所有研究内容,同意结项。
评审结论	通过
备注	

评审意见分为四类:不需修改,稍作修改,做重要修改,要重新评审,并给出每项的理由

评审结论:通过,不通过,未评审结束

评审组长签字:夏××

注:

1. 文件名命名规则:2009 秋_软件实训平台岗位需求分析_结项评审结论表_×××_2009××××

2. 存档地点:FTP:∥软件实训平台岗位需求分析

12.2.4　任务总结

　　项目总结结束后,预示着项目的正式结束,对于不同性质的项目其品质保证过程其实是基本一致的,只不过其中所涉及的品质保证内容、所需进行检查的项目、检查的标准不完全一样而已,因此,我们总结一下本项目的品质保证工作流程,其主要由以下几步组成:

　　(1) 确定项目的品质保证经理,即明确品质保证工作的负责人,今后所有品质保证工作均由其全权负责运作和处理,因此,需要一个具有丰富经验又具有一定人格魅力的人来担任(即既有业务能力,又拥有良好的沟通交流能力);

　　(2) 品质保证经理组建品质保证小组;

　　(3) 品质保证经理组织召开品质保证工作会议(全体成员),明确项目的基本品质保证要求;

　　(4) 品质保证经理制定品质保证计划及品质保证所需各类资料,品质保证组员参与并修订;

　　(5) 品质保证组组织日常检查,并对其他研究组成员提供品质保证方面的指导及监督其进度完成情况;

　　(6) 品质保证组按项目里程碑组织项目阶段性评审,得出评审结论,并对下一步工作提供指导;

　　(7) 项目结束时,品质保证组组织项目总结评审,最终结束项目。

需要提醒注意的是：本项目的阶段性评审是由项目里程碑决定的，而在有些项目中，不一定只是项目里程碑处才进行评审，可以是在任意情况下提出评审申请。因此，一个项目什么时候、什么成果需要评审是由项目组全体成员共同决定的，在品质保证计划书中，需要给予体现，凡是在品质保证计划书中出现的评审要求，在项目进行过程中均需进行评审，而未在品质保证计划书中出现的评审要求，项目组成员可根据自身的需要随时向品质保证组提出评审申请，也就是说，项目组实际进行的评审只能比品质保证计划书中所涉及的内容多，而不能少于其要求。

12.3　本章小结

本章通过一个实际完成的案例描述了品质保证工作的流程和在整个项目过程中品质保证员需要完成的工作和应尽的职责；同时，给出一个实训案例让大家进行实际的品质保证工作操作，以帮助掌握品质保证员岗位的职责和工作流程，更好地完成品质保证的相关工作。

本章的实训项目实际只是一个引子，并不是必须对图书管理系统开发项目进行品质保证工作实训，大家可根据自己要参加的实际项目进行品质保证工作实训。

附件 1 项目计划书模板

×××项目计划书
版本号<X.X>

分发清单：

人 员 （按字母排序）	岗 位	地 点	联系方式

文档信息

修订记录：

时　间	版　本	修订人	审核人	状　态

授权修改此文档的人员列表：

名　字	岗　位	地　点

撰写此文档所应用的软件及版本：

Microsoft Office 2003；

Microsoft Office Visio 2003。

目　录

1 概述

1.1 项目背景

描述项目产生的背景、根源，由于什么样的原因促成该项目的立项。

1.2 项目目标

描述项目达成的目标、愿景。

2 目的与范围

2.1 目的

描述该文档是为了达成什么目的。

2.2 范围

描述该文档的范围。

3 依赖与约束

3.1 依赖

描述项目中的依赖关系。

3.2 约束

描述项目中的约束关系。

4 与其他文档的关系

列出与该文档有关系的其他文档,如依赖、衍生等关系。

5 组织架构

5.1 组织架构图

贴上组织架构图描述该项目中的组织架构关系。

5.2 岗位与职责

描述该项目的组织架构中的各个岗位和岗位的职责说明。

6 交付定义

用表单形式列出对外交付的交付计划,交付计划中包含如下信息:
序号、交付阶段、交付版本、产品名称、产品形式、交付时间、责任人、备注等。

7 项目定义

7.1 项目类型定义

确定项目的类型,参考公司对于项目规模和类型的定义。

7.2 选择项目生命周期

选择恰当的项目生命周期模型,如瀑布模型、迭代开发模型、螺旋式开发模型等。

7.3 过程定义

确定该项目所采取的软件开发过程,参考公司的过程定义。

7.4　项目里程碑

7.4.1　项目关键路径描述

对于项目的关键路径进行描述,关键路径指项目开发中最长的开发路径或者由于外部事件触发的特定路径。

7.4.2　项目里程碑描述

描述项目里程碑信息,项目里程碑指项目开发中具有重要意义或者关键的阶段分界点所标识的时间点,通常包含如下信息:序号、名称、时程、目标、输出、备注等。

7.5　项目规模预估

对项目的规模进行预估,用来下一步确定项目的工作量,通常包含如下信息:序号、规模细项、估计单位、预估单位、合计等。

7.6　项目工作量预估

对项目的各个阶段进行工作量分解,通常包含如下信息:阶段、工作量、资源配置等。

7.7　项目成本估算与控制

7.7.1　成本估算

利用公司的成本估算方法对该项目进行成本估算。

7.7.2　成本控制策略

描述对于成本控制和减支有什么策略。

7.8　项目监控

7.8.1　项目监控点描述

描述对于项目中有哪些监控点。

7.8.2　监控措施

对于以上描述的监控点,有哪些监控的措施。

7.8.3 项目报告

对于项目报告、说明报告对象、报告周期及报告内容,采用什么样的模板等。

7.8.4 项目例会

说明项目例会的召开频度、时间与地点、与会人员、例会的内容等。

7.9 项目资源规划

7.9.1 人力资源规划

说明该项目的人力资源是如何规划的。

7.9.2 其他资源规划

说明该项目的其他资源,如硬件资源、环境资源、其他第三方软件/组件的资源规划情况。

7.10 项目品质保证计划

7.11 项目培训计划

描述项目的开发所需技术点和针对性的培训安排,培训计划包括培训主题、时间安排、培训讲师、受训群体、课件准备等内容。

7.12 项目风险管理计划

应用风险管理表来对项目的风险进行管理,包括:(1)及时辨识新的风险,针对风险的预防措施,衡量风险的成本。(2)跟踪已辨识的风险,目前的预防措施的实施效果如何,是否需要调整策略与方案。(3)及时关闭已不存在的风险等。

7.13 项目需求管理计划

对于需求管理的计划安排。

7.14 项目决策信息

对于项目重大的决策需要跟踪管理,采用一个决策表记录这些信息,记录表包括如下信息:项目阶段、决策负责人、决策内容、决策方式、决策时机、决策理由等。

7.15　项目重用计划

7.15.1　项目可重用性策略

评估对于项目中的组件提取重用价值所采取的策略。

7.15.2　外部可重用组件使用策略

对于项目有重用外部组件的可能性进行评估,对如何使用这些外部组件所采取的策略等。

8　术语与缩写

列出本文档中出现的术语和缩写语。

9　附件

贴上本文档引用的附件。

附件2　项目品质保证计划书模板

×××项目
品质保证计划书
版本号＜X．X＞

分发清单（按照人员姓名拼音字母序排列）：

人　员	岗　位	地　点	联系方式

文档信息
修订记录：

时　间	版　本	修订人	审核人	内　容

授权修改此文档的人员列表：

名　字	岗　位	地　点

撰写此文档所应用的软件及版本：

目　录

1 引言

1.1 编写目的

描述编写此品质保证计划书的目的。

1.2 定义

描述此品质保证计划书中涉及的概念或定义等。

1.3 参考资料

描述制定本计划书时所使用的参考资料。

2 管理

2.1 机构

描述品质保证小组人员组成情况,以图表形式给出。

2.2 任务

描述品质保证规定的每个阶段需要完成的任务,达到的目的。主要包括日常检查、阶段评审和项目验收(结项评审)三大块,描述每一项任务所需要完成的工作内容及完成这些任务所需要填写的有关表格。

2.3 职责

描述在项目开发过程中,品质保证小组成员的分工、任务,根据 2.1 机构一节中所提到的小组成员进行具体分工。

3 标准、条例和约定

描述在项目开发过程中,需要遵守的约定,并在此列举。

3.1 文档书写格式约定

列举出项目开发过程中,各文档书写的规范或要求。

3.2 各种品保文档或表格

列举出本项目所涉及的各种品质保证文档或表格,注意:只列举出本项目中用到的文档或表格即可,且只要列举名单,不需在此处给出文档或表格的模板。

3.2.1 日报表

描述日报表的功能、作用及包括的内容。

3.2.2 周报表

描述周报表的功能、作用及包括的内容。

3.2.3 月报表

描述月报表的功能、作用及包括的内容。

3.2.4 项目情况检查表

描述项目情况检查表的功能、作用及包括的内容。

3.2.5 会议纪要表

列举出会议纪要表的功能、作用及包括的内容。

3.2.6 评审工作会议工作流程

列举出评审工作会议准备工作的参与人、组织者、工作的步骤、内容等。

3.2.7 评审申请表

描述评审申请表的功能、作用及包括的内容。

3.2.8 评审成员登记表

列举出评审成员登记表的作用和内容。

3.2.9　评审意见表

列举出评审意见表的作用和内容。

3.2.10　评审问题记录表

列举出评审问题记录表的作用和内容。

3.2.11　评审检查点列表

列举出评审检查点列表的作用和内容。

3.2.12　评审结论表

列举出评审结论表的作用和内容。

3.3　项目缺陷率

列举出项目缺陷率的计算方法、计算内容。

4　检查和评审

4.1　日常检查

4.1.1　检查内容

列举出项目开发过程中,日常状态下品质保证人员所需要检查的项目(包括:每日或每周工作完成情况、上一阶段评审意见的监控和检查、文档格式的规范化检查、各类配置项是否已进入配置范畴等)。

4.1.2　检查时间

列举出每种检查的时间点,如每天、每周、每次项目例会、每个里程碑点或每个产出点。

4.1.3　检查输出

列举出需检查的各类报表和检查结束后的输出内容,如检查结论填写的文档(指需检查的各类报表中的检查结论项,由品质保证员填写,主要包括:日报表、周报表)。

4.2　×××阶段×××评审

本节标题中的×××应为项目中具体阶段的具体文档或代码,因此,根据具体项目的要

求重复 *4.2* 节，每个文档或项目代码评审占一节，以 *4.2、4.3、4.4*……进行编号，本文档中的 *4.3* 节内容以此顺延。

4.2.1 定义

描述阶段性文档的定义或概念等，如 *SRS、SAD* 等。
描述子项目代码的定义或概念等。

4.2.2 作用

描述阶段性文档需要说明的问题或其作用。
描述子项目代码的功能。

4.2.3 形式

书面形式（*Word* 文档）。
成果物形式（项目代码）。

4.2.4 内容与要求

描述阶段性文档所涉及的内容，必须遵守的规范、要求等。
描述子项目代码的规范、要求等。

4.2.5 评审时间

列举出评审时间的规定，如：评审时间的确定、评审次数规定等。

4.3 项目监控

4.3.1 项目监控点描述

序号	名称	阶段	日程	描述

4.3.2　监控措施

监控项	监控负责人	监控对象	周期	发起时间	持续时间

5　软件配置管理

按×××项目小组编写的《×××项目配置管理计划》。特别注意规定对软件问题报告、追踪和解决的步骤,并指出实现报告、追踪和解决软件问题的机构及其职责。

6　工具、技术和方法

6.1　工具

列举出编写此品质保证计划书及在进行项目品质保证过程中使用到的软、硬件工具。

6.2　技术

列举出编写此品质保证计划书以及在进行项目品质保证过程中所涉及的技术。

6.3　方法

在进行项目品质保证过程中所采用的检查与评审方法,主要是走查和审查两种。

6.3.1　走查

6.3.1.1　概念

描述走查的概念。

6.3.1.2　参与角色

描述走查所涉及的参与人及其职责,主要是作者、走查员、记录员和品质保证员。

6.3.1.3　输入

待走查的文档。

6.3.1.4　进入准则

待走查的文档已经完成,经过了修饰,基本没有语言文字方面的错误。

6.3.1.5　走查流程

画出走查流程图;
工作流图的步骤说明;
以表格的形式给出工作流图的步骤说明。

具体活动	说明	角色

6.3.1.6　走查结束条件

描述走查结束的条件,即达到什么情况说明走查结束。

6.3.1.7　走查输出

描述走查结束后的输出内容,如走查结束后需要提交哪些文档等。

6.3.1.8　走查时间

描述一次走查所需要的时间,根据项目的具体情况确定,一般为一次两小时。

6.3.1.9　走查方式

描述以什么样的形式进行走查。

6.3.2　审查

6.3.2.1　概念

描述审查的概念。

6.3.2.2　参与角色

描述审查所涉及的参与人及其职责，主要是作者、讲解员、评审组织者、评审主持人、评审员、记录员和品质保证员。

6.3.2.3　输入

待评审的文档。

6.3.2.4　进入准则

待评审的文档已经完成，经过了修饰，基本没有语言文字方面的错误。

6.3.2.5　评审流程

画出审查流程图(流程图模板.JPG)；
工作流图的步骤说明；
以表格的形式给出工作流图的步骤说明。

具体活动	说明	角色

6.3.2.6　评审结束条件

描述审查结束后的输出内容，如走查结束后需要提交哪些文档等。

6.3.2.7　评审输出

描述审查结束的条件，即达到什么情况说明审查结束。

6.3.2.8　评审时间

描述审查的评审点，以及每次审查所需要的时间。一般审查在项目的里程碑点进行，每次审查的时间不超过两小时。

6.3.2.9　评审方式

描述以什么样的形式进行审查。

6.4　评审状态

描述审查过程中，各待审查文档在不同时期所处的状态，每种状态的定义及相关处理的要求,并说明在一次审查过程中哪些状态是必须经历的。

6.5　评审问题

描述在审查过程中,各项目组成员对待审查文档所提出的问题的描述所应记录的表格名称,其问题的类型,不同类型的问题采取不同的处理方式。一般所提问题的类型有未解决、无需解决、需解决、已解决和已删除。

7　记录收集、维护和保存

描述对相关资料的收集、维护和保存的要求。

7.1　责任人

描述在进行品质保证过程中,各项工作的负责人。

7.2　内容

描述在品质保证过程中所需要记录的资料及这些资料需保存的时间跨度。

类　型	记录和保存项目明细	要保存的期限

8　附录

描述项目中所涉及的所有有关文档及概要目录,以超链接形式给出。

以下九点是对品质保证计划书模板的说明,请对照附件 2 进行认知学习。

（1）该模板在单独使用时，需要添加页眉页脚。

页眉：居中显示单位名称；

页脚：左对齐显示该文档所涉及的子项目名称，右对齐显示页码内容；

若该项有特殊的或其他要求，可根据具体情况自行确定页眉和页脚内容。

（2）模板中所有的"×××"应被实际项目名称替换。

（3）按模板给出的形式，每一种类型的文字说明均需另起一页。

（4）"分发清单"中填写的人员名单为：该文档所有需要阅读、需要了解的人员。

（5）"修订记录"中的"版本"以编号形式给出，从 0.1 到 1.0，一般情况下，在不同日修改文档后，其版本号将增加 0.1，但最终稿版本一般均为 1.0，当"修订记录"中的版本发生变化时，首页的版本号需同步变化，其值应与"修订记录"中最后一次版本号相同，需注意的是最终提交的终稿版本号一定为 1.0，但此文档若原先已有 1.0 版，新版或升级版可定 X.0，其中"X"为任意大于 1 的整型数。

（6）"授权修改此文档的人员列表"中填写的人员应为有权修改此文档的人员，文档作者是其中之一，其余人员由实际情况确定，但要求一般不超过两人。

（7）"撰写此文档所应用的软件及版本"中需要罗列出所使用的软件，需注意的是这里罗列的应该是撰写本文档所使用的软件，而非项目开发中所使用的软件。

（8）每项下方的斜体字体表示为该项需要描述内容的一种说明，实际项目应被相对应的真实内容替换，并且替换完成后需将其字型改为与正文相同。

（9）以上的 1～8 点同样适用于下面介绍的与其类似的模板，在下面的类似模板中，对于相同问题不做重复说明。

附件3　文档格式约定模板

×××项目

文档格式约定文/文档撰写规范

版本号<×.×>

文档信息

修订记录：

时　间	版　本	修订人	审核人	内　容

撰写此文档所应用的软件及版本：

目　录

图目录

表目录

1 文档标题

给出项目中涉及的各种文档标题的格式，主要包括字体、字号、字型、颜色、对齐方式等。

2 目录

给出文档中目录的生成方式、目录中所使用的文字的字体、字号、字型、对齐方式、颜色等格式要求。

3 正文标题

给出文档中各级标题的编码规则，以及每级标题的格式设置要求。

4 图、表标题

给出正文出现的所有图、表的标题的设置要求。

5 正文内容

给出正文文字的设置要求，主要包括字体、字号、字型、对齐方式、颜色、行间距等。

6 图、表内容

给出图、表格中布局设置，主要包括字体、字号、行间距、居中情况等规则。

7 数字、项目编号设置

给出文档中出现的数字的字体、字号，同时给出项目、数字编号等规则。

8 页眉和页脚

给出页眉和页脚的要求，不同类型的文档，此处要求可不一样。

9 英文缩写

给出文档中涉及的英文缩写的描述信息和描述方式等内容。

10 日期

给出文档中出现的日期的显示方式。

11 流程图

给出流程图绘制模板和对流程图的说明。

12 术语表

给出文中所涉及的所有术语描述信息和方式的要求。

13 文档模板或标准

给出文档中所涉及的模板或标准出现在正式文档中的方式，如是否做超链接等。

14 其他

给出上述内容未包含的其他方面的格式设置要求。

15　文档命名规则

给出每种不同类型的文档的命名规则。

16　项目存档目录架构

给出项目中各类型文档存放地点及保存文档电子档案的目录架构。

以下五点是对文档格式约定/文档撰写规范模板的说明,请对照附件3进行认知学习。

（1）"附件2"的说明中除第六点外,其余几点同样适用于本模板。

（2）"图目录"和"表目录"是自动生成的,其生成条件是图和表的标号需要使用特别方式在正文中加以识别。

（3）"流程图"处给出的是适合项目的流程图样式,其没有固定的格式,完全根据项目需要、项目组习惯、人员所具备的知识、对问题描述的需求来确定,但要注意的是各种流程图中的各类符号含义应该基本一样,这才能保证不同人群对流程图含义的理解不会出现二义性;

（4）模板中的16点基本涉及文档撰写过程中所需规定的各方面,但在实际进行某一项目时并不一定要将上述所有方面均进行规定,即不是所有项目文档撰写均涉及上述所有内容,例如:流程图、术语表就不是每次均会涉及。因此,在实际操作过程中,可从中选择适用于实际项目的格式规定说明点。当然,若有些项目存在上述未提到的格式要点,也可自行加入其中进行规定说明。总之,记住品质保证员必须事先进行该类工作,具体内容可根据项目组讨论和实际情况来确定,另外还要记住一点,就是该文档对项目文档格式的约定不一定一开始就非常全面,即可能存在有些不确定的因素导致对该类型的格式约定未出现在该文档中。出现这种情况时,需项目组进行讨论,达成协商结果后再由品质保证员负责将新要求添加进文档格式约定中。

（5）文档中有关于图和表的标题及内容的格式约定要求,除此之外,也可直接给出图或表的格式模板,即已经设定好格式要求的模板,这样,项目组成员可直接取图或表的模板用而不需重新设定格式,方便成员使用。若以此种情况出现,则要求在"目录"下方添加"图目录"和"表目录",其显示效果如本文档的"目录"页的显示效果。

附件4　软件岗位作业指导书模板

×××岗位

×××作业指导书

版本号<X．X>

分发清单:(按照人员姓名拼音字母序排列)

人　员	岗　位	地　点	联系方式

文档信息

修订记录：

时 间	版 本	修订人	审核人	内 容

授权修改此文档的人员列表：

名 字	岗 位	地 点

撰写此文档所应用的软件及版本：

目　录

目　录

1　输入

此处给出撰写该作业指导书前需要的输入条件或输入资料。

2　×××工作流

2.1　×××工作目的和内容

描述该项工作要达到的目的和所需做的工作内容。

2.2　×××工作流图

使用 *Microsoft Visio* 软件以"跨职能流程图"类型绘制该项工作的工作流程，该类型图的最大特点是涵盖多种角色。

2.3　×××工作流步骤描述

对 *2.2* 中所绘制的流程步骤利用表格进行简要说明。

2.4　×××步骤指导说明

对 *2.3* 中的每个步骤进行详细说明，主要包括：每一步的操作过程、所需填写的资料、注意事项、参与角色、所涉及的各类概念、定义说明等内容，根据情况确定具体内容。

3　输出

给出该作业指导书最终的输出资料目录。

附件5　软件行业岗位实训报告模板

软件行业岗位实训报告
（封面）

课程名称			最终成绩	
教学部门			指导教师	
学　期			起止日期	
专　业			年　级	
姓　名			学　号	
项目名称			实训地点	
同组成员	组长		成员	
本人承担角色	□ 项目经理　　□ 配置管理员　　□ 品质保证员　　□ 需求分析师 □ 架构设计师　　□ 软件设计师　　□ 软件测试师　　□ 程序员			

		实训目标达成情况简述	评分	综合评分
目标达成与评价	自我评价	知识与能力（任务完成情况）		
		职业素质（任务执行状况）		
		总结汇报与归档		
	小组长评价	知识与能力（任务完成情况）		
		职业素质（任务执行情况）		
		总结汇报与归档		
	指导教师评价	知识与能力（任务完成情况）		
		职业素质（任务执行状况）		
		总结汇报与归档		

目　录

1 实训名称

此处给出本次实训的全名

2 实训任务场景

对本次实训的场景进行简单描述

3 实训目标任务

给出本次实训的目标,按知识与能力目标、素质目标进行阐述,给出本次实训的目标和主要任务

4 实训环境介绍

给出本次实训所需要的软、硬件条件,实训所需的团队环境

6 实训实施步骤

给出本次实训的主要实施步骤

7 实训小结

给出本次实训所遇到的问题及解决方法、实训学习感想、对实训教学的改进建议以及汇报方式;介绍本次实训参考,包括给出实施步骤参考、实施文档参考、实训案例参考、实训报告参考,以及参考文献及参考网络学习资源等;

8 附件清单

给出本次实训所产生的各类成果物及其附件清单,以及《实训报告》

术语解释

术语缩写	术语全称	中文释义
PMI	Project Management Institute	项目管理协会
PM	Project Management/Manager	项目管理/项目经理
PMO	Project Management Office	项目管理办公室
PMP	Project Management Professional	项目管理师
SLCP	Software Life Cycle Process	软件生命周期过程
RUP	Rational Unified Process	统一软件开发过程
SLCM	Software Life Cycle Mode	软件生命周期模型
RAM	Responsibility Assignment Matrix	职责分配矩阵
WBS	Work Breakdown Structure	工作分解结构
LOC	Line of Code	代码行
FP	Function Points	功能点
SOW	Statement of Work	工作说明书
CM	Configuration Management	配置管理
CCB	Configuration Control Board	配置控制委员会
CMO	Configuration Management Officer	配置管理员
CI	Configuration Item	配置项
QA	Quality Assurance	质量保证
QAO	Quality Assurance Officer	质量保证员/品质保证员
PPQA	Process and Product Quality Assurance	过程和产品质量保证
MA	Measurement and Analysis	度量分析
CD	Coding	编码
RD	Research and Development	研发
BD	Base Design	概要设计
DD	Detail Design	详细设计
FD	Function Design	功能设计

（续表）

术语缩写	术语全称	中文释义
UT	Unit Test	单元测试
IT	Integration Test	集成测试
ST	System Test	系统测试
SRS	Software Requirement Specification	软件需求说明书
SAD	System Analysis and Design	系统分析与设计
FSR	Feasibility Study Report	可行性分析报告
SAS	System Architecture Specification	系统架构说明书
DB	Database	数据库

1. ［美］Project Management Institute 著：项目管理知识体系指南（PMBOK指南）. 5版. 北京：电子工业出版社，2013.

2. ［美］Stephen P. Berceux 著；黄明欣译. 软件配置管理. 北京：中国电力出版社，2006.

3. ［英］休斯，［英］考特莱尔著；廖彬山，周卫华译. 软件项目管理. 第5版. 北京：机械工业出版社，2010.

4. 百度文库. QC与QA的定义. http://wenku.baidu.com/view/6f52e600f7cd184254b353543.html.

5. 国家质量监督检验检疫总局发布. 中华人民共和国国家标准计算机软件质量保证计划规范. 北京：中国标准出版社，2005.

6. ydgong. 技术评审方法与指南. http://www.uml.org.cn/rjzl/200801083.asp. 2008-1-8.

7. 于波，姜艳编著. 软件质量管理实践：软件缺陷预防，清除，管理实用方法. 北京：电子工业出版社，2008.

参考文献

1. ［美］Project Management Institute 著；许江林等译. 项目管理知识体系指南 (PMBOK 指南). 第 5 版. 北京：电子工业出版社，2013.

2. ［美］Stephen P. Berczuk 著；黄明成译. 软件配置管理模式. 北京：中国电力出版社，2006.

3. ［英］休斯，［英］考特莱尔著；廖彬山，周卫华译. 软件项目管理. 第 5 版. 北京：机械工业出版社，2010.

4. 百度文库. QC 与 QA 的定义. http://wenku.baidu.com/view/6f52e00f7cd184254b353543.html.

5. 国家质量监督检验检疫总局发布. 中华人民共和国国家标准计算机软件质量保证计划规范. 北京：中国标准出版社，2005.

6. yqgong. 技术评审方法与指南. http://www.uml.org.cn/rjzl/200801083.asp. 2008 - 1 - 8.

7. 于波，姜艳编著. 软件质量管理实践：软件缺陷预防、清除、管理实用方法. 北京：电子工业出版社，2008.